每天

5 分钟

断舍离

1日5分からの断捨離
モノが減ると、時間が増える

〔日〕山下英子——著

张璐——译

湖南文艺出版社
HUNAN LITERATURE AND ART PUBLISHING HOUSE

博集天卷
CS-BOOKY

断舍离最基本的三个步骤

①

准备好垃圾袋

②

把不需要的物品
装入垃圾袋

③

将垃圾袋
扔出去

前言

欢迎开始"每天 5 分钟断舍离"

断舍离为什么要"每天先做 5 分钟"呢?

因为我强烈希望那些正因"想要断舍离却做不到"而苦恼着的朋友,能够先行动起来。

断舍离的脚步之所以停滞不前,是不是因为下列想法挥之不去?

"太忙了,没时间。"

"不知道该怎么做。"

"做不好会不会半途而废?"

"物品实在太多了,无从下手。"

其实没关系。

断舍离的关键，不在于"做不做得到"，而在于"做还是不做"。

不必一上来就着手处理大量的物品、大块的空间。

可以先从眼前的一件物品着手。

只做 5 分钟就好。

那好，我们想想看，5 分钟都能做些什么？

比如说，可以在洗完手后，顺手用纸巾将洗脸台擦拭干净。

用纸巾擦拭时，觉得随手放在洗脸台上的牙刷和装隐形眼镜的盒子有些碍事，于是便把它们也擦拭干净，放回原处，之后再擦擦洗脸台周围。这一系列的动作，大约用时 5 分钟。

这 5 分钟，就如同冬季里开车前要先"热车"一样，让引擎做好准备，从而使断舍离的马力越来越足。

本书将为大家一一介绍，家里的各处空间、一应物品，该如何断舍离。

当你产生"断舍离吧"的想法时，
想必这本书可以助你一臂之力，
让你觉得"啊，至少这件事，我还是做得到的"。

不过，这本书里写的，仅仅是我个人的做法。你在践行断舍离时，可以按照你的节奏、你的方式来哦。

每天都要用的东西，
也不摆在明面上

牙膏、牙刷、洗面奶……只要有一件摆在洗脸台上，那么物品慢慢变多就将只是时间问题。

序言

苦闷时，才更要断舍离——1

一开始，做不到是极其正常的——3

开始进行断舍离训练吧——5

序章　　# 为什么"做不到断舍离"？

你是否总在找"做不到"的理由？——8

七类"不行不行"式思维——9

■ **"不行不行"式思维 1**

"没时间"——无暇顾及式思维 ——10

■ **"不行不行"式思维 2**

"做不好"——完美主义式思维 ——13

2

■ "不行不行"式思维 **3**

　　"责备做不到的自己"——消极减分式思维 ——14

■ "不行不行"式思维 **4**

　　"总归都会回归原样"——破罐破摔式思维 ——17

■ "不行不行"式思维 **5**

　　"物品实在太多了，无从下手"——回避决断式思维 ——18

■ "不行不行"式思维 **6**

　　"一人做不了百样事"——一力承担式思维 ——20

■ "不行不行"式思维 **7**

　　"不知道该如何去做"——按图索骥式思维 ——22

你"无法断舍离"的程度有多严重？——认识一下现状吧 ——24

"好好看看这个空间！"——27

断舍离的三个步骤 ——29

1

每天 5 分钟

玄关的断舍离

扔掉"用不着的塑料伞"——34

选出 3 双"现在想穿的鞋"——36

断舍离掉"不穿的靴子"——38

打理铺在玄关的地垫 ——40

断舍离掉玄关的拖鞋 ——42

2

每天 5 分钟

起居室与餐厅的断舍离

清理餐桌上的物品 ——48

清理沙发上的物品 ——52

清理地板上的物品，让扫地机器人畅行无阻 ——54

断舍离掉 5 件容易落灰的装饰物 ——56

把乱成一团的电线统一收进篮子 ——60

断舍离专栏

不在"三个水平面"上放置物品 ——62

■ 巧用起居室的矮柜，让里面的东西一目了然 ——66

3

每天 5 分钟

料理台的断舍离

断舍离掉擦桌布，准备"懒人抹布" ——72

用"懒人抹布"刷煤气灶 ——74

■ 山下英子式垃圾袋使用法——舒心愉快 ——76

用"懒人抹布"擦净水槽里的水滴 ——78

更换海绵擦 ——80

让厨房里的家电焕发光彩 ——82

决定锅的"断舍离"候选名单 ——84

给专业保洁打电话 ——86

4

每天 5 分钟

餐具柜的断舍离

把餐具柜看作"一幅画" ——92

精挑细选出"赏心悦目的餐具" ——94

■ 将放和服的衣柜变成器皿的展厅 ——96

断舍离掉不精致的物品和塑料制品 ——98

好杯子，要"日常使用"——100

■ 起居室的餐具柜里，都是"赏心悦目"的东西——102

将餐具数量精简到"家庭成员数 +1"——104

将保鲜容器精简到 10 个以下 ——106

断舍离专栏

看不见的收纳、看得见的收纳、展示型收纳 ——108

■ 厨房里的家电和餐具柜，让你喜欢上做饭 ——110

■ 厨房抽屉里的模样 ——112

5

每天 5 分钟

冰箱的断舍离

确认食物的"保质期"——118

■ 将透明保鲜盒放进冰箱，以便控制物品总量 ——120

将食材换装到"透明袋"里——124

断舍离掉冰箱最上层的物品 ——126

摆放调味料时，要有"间隔"意识 ——128

把冰箱擦净擦亮 ——130

断舍离掉冰箱里"被忘却的食物"——132

6

每天5分钟
盥洗室的断舍离

将放在洗脸台上的物品一扫而空 ——138

刷亮洗脸台的镜子和水龙头 ——140

■ 洗脸台的收纳 物品摆放错落有致，一览无余 ——142

擦掉洗脸台上的水滴 ——144

■ 将一切"漂亮收尾"，每天乐陶陶 ——146

将试用装集中起来扔掉 ——148

给皱巴巴的浴巾更新换代 ——150

给皱巴巴的擦脸毛巾更新换代 ——152

7

每天5分钟
浴室的断舍离

擦掉洗发水瓶上的滑腻物 ——158

擦亮浴室的镜子和门 ——160

■ 为了告别"滑腻腻"，调动全身"擦一擦"，
还能运动 ——162

8

（ 每天 5 分钟 ）

卫生间的断舍离

断舍离掉卫生间专用拖鞋和专用地垫 ——168

擦拭卫生间的地板和坐便器 ——170

让卫生间里幽香阵阵 ——172

9

（ 每天 5 分钟 ）

衣柜的断舍离

选出 5 件 "现在想穿的衣服" ——178

空衣架与空衣架之间留出间隔 ——180

■ 将衣柜中衣物的数量控制在能记住哪件衣服在哪里
的程度 ——182

挑选出没有出场机会的套装、裙子和外套 ——184

挑选出 "希望您能收下" 的衣物 ——186

断舍离掉 "破破烂烂的内衣" ——188

挑选 3 只 "想要和它一起走在街上" 的包包 ——190

把包包里的东西全部拿出来 ——192

■ 让 "心仪的包袱皮" 成为旅行挚友 ——194

10 每天5分钟
书房的断舍离

先将书山削去一半 ——200

■ 山下英子式书籍分类流水线 ——202

清理桌面上的物品 ——204

选出3支插在笔筒里的笔 ——206

断舍离掉储备的文具 ——208

清空一层书架 ——210

■ 让书籍和资料的"存在感"消失 ——212

取出钱包中的票据，进行分类 ——214

对积分卡进行取舍 ——216

在日程本上"留白" ——217

■ 书房中的另一个矮柜 ——218

11 每天5分钟
卧室的断舍离

扔掉一床用不着的被褥 ——224

清理床铺周围的琐碎小物 ——226

给床单、被罩更新换代 ——228

12 每天5分钟
收纳中的断舍离

清点食品柜的库存——234

■ 山下英子式"全国物产展风格"食品柜，让人心情
大好——236

■ 新冠疫情下的居家生活期间，"存货"大显身手——238

打开一只"内容不详"的纸箱——240

拆掉厕纸的包装袋——242

断舍离专栏

断舍离掉没用的玩具——244

将收到的礼物陈设在橱柜中，时不时地看看它们——246

■ 储物柜让心情更美丽——248

断舍离掉"总之先留着吧"的使用说明书——250

13

每天5分钟

收尾工作和垃圾处理中的断舍离

下定决心"只留10只纸袋"后，断舍离 ——255

对垃圾袋进行"总量限制" ——257

断舍离掉空箱子、铁盒子 ——259

精简垃圾桶的数量 ——261

垃圾袋在八分满时就扔掉 ——262

序言

苦闷时，才更要断舍离

大家好，我是断舍离创始人山下英子。

因新冠疫情而居家期间，我开始从四面八方听到"新冠疫情下的断舍离"这一议题。随着待在家里的时间意外变长，我们迎来了断舍离的绝佳机会。

当你拿到这本书时，是否还有新冠疫情，社会是个什么状况，我不得而知。

但有一点我敢肯定，那便是，彼时无论是"封闭生活（这是我对'居家'的叫法）"愈演愈烈，还是外出自由欢欣鼓舞，是否践行断舍离，都会让你的人生发生天翻地覆的变化。

原因就在于，居住空间决定了心理状态、身体状态、人际关系状态，居住空间创造着你的人生。

身处洁净、清爽、明亮的室内环境之中，才能让待在家里的时间变得有意义、有价值。

然而遗憾的是，事实上，大多数人的家狭小而闭塞，无用之物"横行霸道"，压缩着人的容身之处。更何况，家里还摆放着收纳家具，让本就有限的空间变得更加逼仄。

若刚好赶上"封闭生活"，曾经因为工作而很少在家的丈夫，曾经忙着辗转于辅导班和特长班之间的孩子，都会一直待在这样的家里。

长时间高度共享狭小的生活空间，会怎么样？

结果不言而喻。这种情况下，一定会催生出剑拔弩张的家庭关系、夫妻关系、亲子关系。

我们有时希望与家人共度时光，有时又希望独处，不用顾及任何人的感受。这是自然而然的、再正常不过的需求。

然而，一旦这种需求无法得到满足，会怎么样呢？

事实是，"压力山大"的妻子们发出的抱怨、不满以及问询，源源不断地向我涌来。

该如何度过在室内的时间？

该如何度过在家里的时间？

该如何度过在居住空间内的时间？

让我们把一直以来不断向外延展的注意力收回到家里，打造一个属于自己的空间吧！

如果一直以来，你的注意力都被物品所吸引，那就请你多一点、再多一点地关注一下空间本身。

断舍离，是在打造居住空间。通过断舍离，和多余的物品痛快地说再见，才能让空间重现活力。

而且，你亲手让其重新焕发神采的空间，也一定会守护你，一定会为保持你的身心健康做出重大贡献。

一开始，做不到是极其正常的

迄今为止，我接到过的许多咨询都在说"做不到断舍离"——"我想要断舍离，再不断舍离就不行了，但我做不到。我的身体动不起来，我的双手动不起来。"

其实，断舍离的关键，并不在于"做不做得到"，而在于"做还是不做"。

脑海中再怎样深思熟虑，学到了再多的方法技巧，不付诸行动，都无济于事。

但话说回来，"做不到"这种心情，也不是不能理解。

若把断舍离换成学英语，我也有不少类似的感触。

学习一门技能时，练习是不可或缺的。没错，断舍离也需要练习。

既然是练习，相对于"做不做得到"，"想做、想学"的心情应该更为强烈。

把"想做"转换为"去做"，进而再转换为"坚持做"。在持之以恒的过程中，就能渐渐体会到其中的乐趣与奥妙。

失败了也没关系，暂时停下来也没关系，因为这只是练习。我们只有在前进的过程中反复试错，才能偶尔迎来成功。

另外，在练习中，是需要老师和教练的指导与点拨的。因此，"做不到断舍离"的人，也需要指导者。

实际上，日本全国大约有 70 名断舍离践行师，可以直接被派到您家进行上门指导。而本书的作用，就是代替这些践行师，陪伴您践行断舍离。

断舍离是一项练习，是一种训练，平日里要孜孜不倦。

开始进行断舍离训练吧

好，我们先来复习一下断舍离的基础知识。

断舍离，灵感源于致力于放下内心执念的瑜伽修行哲学
"断行、舍行、离行"，是一种让居住空间和内心世界都得
到整理的方法论。

断 ……… "断"绝蜂拥而至的物品

舍 ……… "舍"弃毫无用处的废品

离 ……… 经过"断"与"舍"的循环往复，
脱"离"对物品的执念

三个步骤，周而复始，便能促进空间的新陈代谢。

无用之物被清除出去，里面摆的都是心爱之物，想象一
下这样的空间，多么美好。

有种得到解脱的感觉。想找的东西找得到，打扫时轻轻
松松，可以拉伸筋骨活动身体，心情变得安逸，家庭关系变
得和睦。

这些变化，在开始践行断舍离后，很快就能真真切切地

感受到。然而，断舍离还要继续向前，向更远的地方走去。

　　践行断舍离的益处，是可以找到"珍重自己"的生活方式。可以俯瞰世间，俯瞰人生，保持心情愉悦，将快乐传递给周围的人，极少感到不安，活得有主体性。

　　也就是说，各方面都能再上一个台阶。

　　想要再上一个台阶，有件事情不能忘记，那就是在我们的居住空间里，"时间"一直在流动。物品少了，时间就多了，我们始终需要将时间和空间当作一个整体去思考。

> **时间 + 空间 = 时空**

　　我们要时刻具备这种意识。

> **断舍离，是在打造"空间"。**
> **断舍离，是在创造"时间"。**

　　通过断舍离，干脆利落地和多余的物品说再见，才能让空间重现光彩，人生才能拥有更多有价值的时间。

　　请你从今天开始，从 5 分钟开始做起。

　　我们一起断舍离吧！

序章

——————

为什么"做不到断舍离"?

你是否总在找"做不到"的理由?

面对任何事情,我们都会寻找"做不到"的理由。

没时间,没钱,自己一个人办不到,得不到家人的帮助,没自信,不知道该怎么做——这便是"不行不行"式思维。

可以说,我们在时间、空间和精力的限制中生存,自己的人生极有可能陷入"不行不行"式思维中。

对于"做不到"的理由,我们找得再多,分析得再透彻,若是不能将其与行动联系在一起,也不过就是在寻找"嫌疑犯",追究责任,或者说是转嫁责任。

换句话说,就是找个理由好让自己心安理得而已。

我们在践行断舍离的过程中,不知遇到过多少这样的情况。一不小心就陷进去的"不行不行"式思维,可以分为以下七类。

七类"不行不行"式思维

① "没时间" ——无暇顾及式思维

② "做不好" ——完美主义式思维

③ "责备做不到的自己" ——消极减分式思维

④ "总归都会回归原样" ——破罐破摔式思维

⑤ "物品实在太多了，无从下手" ——回避决断式思维

⑥ "一人做不了百样事" ——一力承担式思维

⑦ "不知道该如何去做" ——按图索骥式思维

明明还什么都没开始做，脑子里就瞻前顾后，不知不觉间，断舍离的难度系数变得越来越高。

断舍离并不需要拿出大把的时间。即便物品繁多，也能先从眼前的一件物品着手。居家过日子，刚刚收拾好，马上又变得狼藉一片，是再正常不过的事情。如果得不到家人的帮助，默默孤军奋战，就会想要半途而废，也是再正常不过的事情。

我们要先搞清楚，并不是你做不到，而是断舍离本就需要孜孜不倦地练习。

任何人都有囤积物品的倾向，这与房子是大是小，自己是忙是闲，富有还是贫穷，一概无关。

因此，践行断舍离，也与家里有多大的收纳空间、工作有多忙、经济状况如何无关。

重要的是，重新审视自己的思维习惯与行为习惯。

房屋狭小、事务繁忙、囊中羞涩，即便这些可以成为"不践行"断舍离的理由，也不能成为"做不到"断舍离的理由。践行断舍离，除了一次次地让身体动起来，让双手动起来，让双脚动起来，别无他法。

从本页开始，我们将介绍七类"不行不行"式思维习惯，以及改善方式。

如果你能从中受到启发，请你一定要结合自身的情况，向前一步，走向行动。

"不行不行"式思维 ①

"没时间"——无暇顾及式思维

你是否坚定地认为，若要断舍离掉大量的物品，一定程度上，不拿出大把的时间是不行的？

比如说，你打算在假期花些时间，把长年没有触碰过的壁橱里的东西一气呵成地断舍离掉。可真到休息的时候，又被七零八碎的琐事缠身，还是"没时间"。

真的是"没时间"吗？

若是自己喜欢的事，不管有没有时间，都会去做。没时间的时候，不也照样会追剧、刷手机吗？

时间存在于我们的意识之中。有时间又没时间，没时间又有时间——我也是在开始践行断舍离之后，才第一次领略了"时间的障眼法"。所以还是要先行动起来！

体会到"断舍离好有趣""断舍离好开心"之后，就会越发想要断舍离。在做有趣的、开心的事情时，是不会觉得自己"没时间"的。

还有就是，若想在假期将大量物品一气呵成地断舍离掉，关键在于平时就要一点一滴地践行断舍离。用冬季里"热车"来比喻"功在平时"，似乎更容易理解。

汽车引擎温度低时，要花些时间才能升温。温度过低时，就算想加大马力，一时半刻也做不到。若提前热好车，一旦想要加速前进，引擎便可带动车辆顺利加速行驶。

同理，平日里若能一点一滴地践行断舍离，一旦抽出了时间，由于断舍离的引擎已经启动了，自然可以"一日千里"。

还有一个好处就是，提前启动引擎，可以防止物品一拥而入，囤积的物品自然而然就会减少，平日里也能收获舒适惬意的空间。

所以，先来试试每天 5 分钟断舍离吧！一天之中，5 分钟的时间还是抽得出来的吧？

"只有 5 分钟能干什么啊？"如果你这样认为，那么你一步也无法接近自己期待的目标。

"我至少利用这 5 分钟断舍离了这些东西。"如果你能这样想，你就能开始体会到"做到了"的成就感。

这份成就感，便会成为你下一次断舍离的动力。

"功在平时，便可一日千里"法则

隔壁街道的超市大促销啦！骑自行车去，成功"节约"车费。买块蛋糕，犒劳一下自己。欸？结果不仅没有正负得零，反而多花了不少钱。断舍离也一样，只要做到"功在平时"，必然能够"一日千里"。

"不行不行" 式思维 ②

"做不好" ——完美主义式思维

上一节所说的"无暇顾及式思维"中，也包含着"完美主义"的性格因素。

==既然做，就要"做好"，若是辛辛苦苦做完后仍回归原样，便毫无意义——我们就是这样，擅自提高了事情的难度，扯了自己的后腿。==

断舍离没有"做好做不好"一说，不过就是将没用的物品扔掉而已。不需要考虑"要是又变乱了怎么办"之类的问题。居家过日子，家里变得乱糟糟的再正常不过了。每次家里变得乱糟糟时，就断舍离一把，不断重复这一过程。

"因为您是山下英子啊，所以才做得到。"没错，我也听到过这样的话。这样说的人接下来还会说："但是，我就不行了。"

非也非也，做不好是理所当然的。因为你没有经过练习嘛。

断舍离，需要一点一滴、孜孜不倦地练习。我也是每天一点一点地践行断舍离。没有经过任何练习，一上来就做得很好的人是不存在的。都还没有练习就觉得自己"做不好"，这种想法本身不就很可笑吗？

想要会说英语，就要勤学苦练；想要会弹钢琴，就要敲打琴键，多加练习。无论是说英语、弹钢琴，还是断舍离，都要先经过练习。

然而，非常多的人认为，"断舍离说到底不过就是整理而已，理所当然应该会做"。

"整理"虽是日常事务，实际却并不简单。原因在于，"整理"是建立在对空间的认识、对时间的认识，以及对自己与物品之间关系的重新审视与思考的基础上的。甚至可以说，"舍弃"是在与自己的执念做斗争，因此需要孜孜不倦地练习。

试着将断舍离付诸行动，当眼前的物品消失时，便会明白，"原来我并不需要它"，"原来它并不适合我"。

只有试着放手，才能开始体会畅快。

"不行不行" 式思维 ③

"责备做不到的自己" ——消极减分式思维

无法践行断舍离，或者践行了断舍离却没能成功时，最坏的状况，就是陷入消极的想法中，责备自己。

这和之前所说的"完美主义式思维"有些相似，我们要把"做不好是再正常不过的"当作前提。断舍离需要练习。刚开始接触茶道的人，是不可能泡出可口的茶的。

　　既然如此，我们为什么要责备自己呢？是不是因为我们将断舍离的目标设立得太高了？

　　==一天只做 5 分钟的话，我们只需要设立小小的目标，让自己觉得"只要做到这些就足够啦"。==

　　我在参加 BS 朝日电视台的节目《我家"断舍离"啦！》时，到许多人的家里拜访过。节目里也曾出现过物品长期堆积、说是垃圾场都不为过的房间。即便如此，断舍离也在一进一退之中成功推进了。原因就在于，我清楚地告诉房间的主人不能把目标定得太高——"在拍摄节目的 1 个月期间，我们只能做到这个地步"。

　　没有达到预定目标就"自我减分"的思维方式，我们称

把目标定得低一点。达成目标后表扬一下自己吧！

之为"消极减分式思维"。这就好比我们在学校读书时，总想要考100分一样，会习惯性地去想"还差几分就能考100了"。

消极减分式思维方式会让我们觉得"唉，自己真没用"，"怎么就做不到呢"，从而责备自己。一旦有了自责的心理，就会失去践行断舍离的前进动力。

因此，我们要放弃消极减分式思维，转换成从零开始加分的"加分"式思维。

前进了一步，表扬自己。开始动手做了，表扬自己。舍弃一件物品，就腾出一件物品的空间。腾出来的空间，会有新鲜的空气流过，形成"那就再多断舍离一些吧"的良性循环。

还有就是，我们不能忽视那些陪我们一起践行断舍离的人的存在。在攀登喜马拉雅山这种险峻的山峰时，会有舍帕族人担任登山向导。在电视节目中，摄制组的工作人员，当然包括我在内，也会倾听参加节目的人的想法，鼓励、帮助他们践行断舍离。

所以，别再因为"自己一个人做不到"而自责了。

"不行不行"式思维 ④

"总归都会回归原样"——破罐破摔式思维

有时候，就算我们尽心竭力地断舍离，收获了干净清爽的空间，可过不了几天，家里便又会回到乱七八糟的状态。这种情况非常正常。居家过日子，物品自然会变多，空间自然会变乱。

然而，有些人觉得"总归都会回归原样，就算断舍离也无济于事"，从而打了退堂鼓。

这种思维方式，往大了说，与"反正都会死，干脆别活了"的想法如出一辙；往小了说，则与"反正还会变脏，干脆别洗澡了"的想法并无二致。

维护与保养是一项需要反复进行的工作。一劳永逸的想法本身就很奇怪。乱了就整理，再乱了就再整理，循环往复。好比就算把玻璃擦得清透明亮，它也不可能不再蒙尘。

断舍离并不能让空间"永远保持整洁"，却能让空间"不易变乱，容易打扫"。并不是说"收纳完毕，整理妥当，就能一劳永逸"。

那么，当房间再度变得凌乱不堪时，我们该怎么办呢？

不气馁。只需要重新行动起来即可。行动高于一切。行动之前，不去寻找"做不到"的理由。

"不行不行"的想法，全部是在行动之前产生的。目标远大，百般谋划，最后在脑海中得出"唉，做不好，算了吧"的结论，放弃了行动。想得太多，便会裹足不前；想得太远，便会望而却步。

总而言之，断舍离，关键在于行动。

只花 5 分钟就好，先舍弃一件物品试试。先花 5 分钟，动手试试看吧！

"不行不行"式思维 ⑤

"物品实在太多了，无从下手" ——回避决断式思维

家中到处都堆满了物品，不知该从何处下手，想必很多朋友都会因此而一筹莫展。

那么，究竟该从哪里着手呢？

从眼前开始就好，不必考虑"该从哪里开始"。

不过大家想知道"标准答案"的心情也不是不能理解。这就好比当面前摆满了自己最爱吃的、让人垂涎欲滴的寿司时，我们也会犹豫该先吃哪一个。但是面对寿司，应该没有人会让它们一直摆在那里而不去享用，大概会从离自己最近的一个吃起吧。

　　我们若是身处一团糟的环境当中，思维便会停滞，从而不知道该从哪里着手。反之，若是告别杂乱无章，身处清爽利落的环境当中，自然就会知道该从何处着手。

　　也就是说，都是由环境决定的。

　　另外，"回避决定法则"也在我们身上起着作用。

　　举例来说，面对"从一百个里面选择一个"的问题时，我们总会犹豫不决。选项一多，我们就会回避做出决定。

　　换句话说，商店里若摆着一百件商品，你即使出门时打算买些什么，到头来也常常会两手空空地打道回府。但商店里若只摆着三件商品，你便极有可能选择其中一件买下来。

待在干净清爽的房间里，学习、工作都进展顺利。

去餐厅吃饭也是如此。店家认为，不增加菜品种类，客人便不会光顾，于是便提供了过多的菜品种类。选项太多，客人选不出来，结果还是要问"今天有什么推荐菜"。

那么，当身边除了物品、物品还是物品，思维停滞不前时，我们该怎么办呢？

首先，要树立"把物品数量减半"的意识。比起选择，先让物品变得少一点、更少一点、再少一点。这样一来，就可以排出先后顺序，自然而然便能做出"那就先从这里开始吧"的选择了。

"不行不行"式思维 ⑥

"一人做不了百样事"——力承担式思维

也有一些朋友，因为胸怀"我要独自承担一切"的壮志，而无法迈出断舍离的步伐。

他们认为家务和育儿都是自己的工作。这与完美主义式思维也有相通之处。这样的人认为，既然做就要做好，不能假手于人。

看着眼前堆满物品的空间，他们开始抱怨"唉，看不到未来"。渐渐地，"为什么都要我来做啊"的不满就会越积越深。总觉得"没有人帮助我，没有人理解我"，孤独感越来越强烈。

<mark>为什么觉得不能假手于人呢？</mark>因为他们明明没有受到任何人的责备，自己却对假手于人心怀愧疚，被"主妇原本就该如此，母亲原本就该如此"的固有观念束缚，这种观念或许也是成长环境塑造的。

仍旧有不少人，对雇人做家务这件事有所抵触。他们觉得"原本是自己的分内之事，却撒手不管花钱雇人"，会因此而感到愧疚。

同样，还有一些人，舍得给家里人花钱，却舍不得给自己花钱。这样的人往往会努力节约，陷入节约型思维当中。节约其实是一件很费精力的事情。比如为了节约自来水，把浴缸中的洗澡水舀出来洗衣服；买东西时跑好几家店，就为了买到稍微便宜些的商品。

到头来，钱是节约了，但节约不了时间，节约不了精力。

因为时间和精力的损耗，甚至还会花更多的钱。比如为了犒劳自己，买个高档甜点来缓解压力。

想要改善这种一力承担的局面，方法就是不要客气，把活分给别人做。

原本是自己负责叠好孩子的全部衣服，试着交给孩子来叠；客厅、浴室、卫生间这些公共空间，试着交给丈夫整理。

不要从一开始就觉得"他们肯定不会帮我"，从而打退堂鼓。鼓起勇气，把你的想法说给家人听听，如何？

"不行不行"式思维 ⑦

"不知道该如何去做"——按图索骥式思维

经常有人向我咨询说"不知道该如何断舍离"。这里面最大的问题，就是认为"只要掌握了方法，就能断舍离"。断舍离是没有方法的。也许你会想："这本书不就是介绍断舍离的方法的吗？"其实还是有些不一样的。

如果这本书写明了"从这里开始、按这个顺序、扔掉这些物品"，你就会断舍离了吗？万一这些方法并不适合你呢？

本书主要介绍一些想法和建议，目的在于让断舍离变得容易些。这些想法和建议是告诉大家："我本人，山下英子，是这样践行断舍离的，合适的话，大家可以参考。"断舍离是没有指导手册的。

"不知道该如何断舍离"，这个烦恼源于按图索骥式思维。方法需要大家在践行断舍离的过程中自行体会。需要试错，即大胆尝试，不怕犯错。

请大家抛弃"只要掌握了相关知识，就能成功断舍离"的固有观念。

经常有人问我："断舍离有什么诀窍吗？"我的回答是，断舍离有奥妙，没有诀窍。

这就好比完全没有练过滑冰的人向浅田真央[1]提问："如何才能完成阿克塞尔三周跳[2]？"不对，应该是更基础的问题："如何才能不在冰面上摔跤？"

这样问多没礼貌啊！她可是摔了几万次，在反复摔倒中坚持练习的。

害怕摔倒，就会一事无成。害怕失败，就做不到断舍离。先行动起来。方法是因人而异的。

断舍离的关键是拥有"自我轴"。

按图索骥式思维，立足的则是"他人轴"。

所谓"自我轴"，指的是"自主思考，按自己的想法自主行动"。也就是说，重新找回自己的思维、感觉、感受。

由于思维、感觉、感受会受到周围多种因素的影响，渐渐地，我们便分辨不出到哪里为止是"自我轴"，哪里又不

---

[1] 日本著名花样滑冰女运动员。——译者注（本书脚注均为译者注）
[2] 花样滑冰中一种难度较高的跳跃动作。

属于"自我轴"的范畴了。

因此我们才要不停地与物品面对面，以便时常对这个问题进行确认。

读再多的指导手册，也不过就是让指导手册变得越来越多而已。

你"无法断舍离"的程度有多严重？
——认识一下现状吧

你的住处现状如何？

因为"无法断舍离"而苦恼的人，按住处的状态可以分为三个等级。

> ① 陷入"泥沼池"、动弹不得的人
> ② 陷入"污水池"的人
> ③ 陷入"蓄水池"的人

症状最严重的，便是陷入"泥沼池"的人。他们面临的已经不仅仅是"物满为患""乱七八糟"这个层面的问题了。物品犹如淤泥一般摊在那里，层层累积，动弹不得。或许可以说，这一类人是最容易就此放弃的。

住处若沦为"泥沼"，人生便也会陷入泥沼之中，有时让人连挣扎的力气都没有。可若是断舍离一把，多少还能挣扎一下。挣扎的过程最为痛苦。

由于当事人并未意识到自己正身陷泥沼之中，于是便会责备自己"我怎么就做不到断舍离呢"。这一等级的人，可以说已经病入膏肓，不得不视之为"重症患者"了。

下一等级，是住处如同"污水池"一样的人。家里堆满物品，凌乱不堪，让人觉得活动起来束手束脚。住在这种地方，有些人会感到生活不如意，甚至完全陷入自我否定中去。

住处若像"蓄水池"一样，虽说物品相比前两个级别来说少了不少，症状属于相对较轻的程度，但家里仍旧一眼望不到底，让人觉得不够敞亮，和清爽开阔相距甚远。

　　我们也不能忽视这三种空间状态所持续的时间长短。即使家里是"泥沼池",可如果这种状态持续的时间不长,那么淤泥也就刚到脚踝。反之,虽然家里只是"蓄水池",可若已经持续了几十年之久,那么里面的人也快支撑不住了。

　　如上所述,程度、状态,每个人都各不相同,能够正确认识自己的现状,并不容易。

陷入泥沼当中,手、脚、头,全都动弹不得。

"好好看看这个空间！"

拍摄节目《我家"断舍离"啦！》时，我曾拜访过一户人家，他家简直就和"泥沼池"一样。

那是一栋房龄 20 年的屋子，里面生活着一对夫妇。房子从外面看倒是很漂亮，可一进屋，令人不安的气息便扑面而来。连接客厅和日式房间的隔扇门紧紧关着，主人给我们打开一看，榻榻米上的物品堆得密不透风。防雨窗紧闭，屋内漆黑一片。

"门是从什么时候开始关上的？"我问道。答案居然是 10 年前。二楼的卧室也被丈夫的个人物品堆得满满的，连个睡觉的地方都没有。那么这夫妻二人睡在哪里呢——睡在客厅。

10 年前，应该发生了些什么吧。虽然我不知道究竟发生了什么，但想必对他们来说不是什么好事，为了眼不见为净，才紧闭房门，导致感觉完全钝化了，不，是麻痹了，不，甚至可以说是患上了"无感症"。

为了让他们脱离这种状况，我必须认真地告诉他们："好好看看这个空间！"

许多人，虽被"淤泥"缠脚，"污水"没腰，却仍旧若无其事地生活着。看起来虽然风平浪静，实际上却好比置身于"自虐空间"。

想在这种状态下描绘梦想，实现梦想，是不可能的。这种状态下的梦想，是为了逃避现实而产生的幻想，不过是对现实的逃避而已。

在认识现状的过程中，我们自然而然地就会找到解决问题的方式，进而行动起来。

所谓认识现状，就是仔细观察周围的情况。

仔细观察周围，确认自己的感受。

在此基础上，树立断舍离中"需要、合适、舒服"的意识，舍弃物品，精简物品。所谓"需要、合适、舒服"，就是问问自己的内心：

> 需要——是否需要
>
> 合适——是否适合自己
>
> 舒服——是否让自己感觉舒服

我没有放弃。因为我知道，只要改变了空间的状态，人就一定会发生变化。有时，我也会有些不耐烦，觉得"只要扔掉，一切就不就迎刃而解了吗"。但我仍旧不会放弃，因为就在今天，我还看见，有些人的人生，正因断舍离而发生着改变。

来吧，让我们一起，用断舍离迎接改变吧！

断舍离的三个步骤

认识现状

第①步

打开收纳柜，把里面的东西拿出来，

平铺排列，进行俯瞰

选择取舍

只留下"需要、合适、舒服"的物品

留　　　　　　　　　　　　舍

第②步

树立"需要、合适、舒服"的意识，精简物品

自立・自由・自在

第③步

牢记"易取、好收、美观"的原则，将物品收回原处

1

每天 5 分钟

玄关的
断舍离

玄关

起居室与餐厅

料理台

餐具柜

冰箱

盥洗室

浴室

卫生间

衣柜

书房

卧室

收纳

收尾工作
和垃圾处理

欢迎来到山下英子的家。玄关没有台阶，取而代之的是一张存在感满满的地垫。

玄关

起居室与餐厅

料理台

餐具柜

冰箱

盥洗室

浴室

卫生间

衣柜

书房

卧室

收纳

收尾工作和垃圾处理

玄关的功能

玄关，是迎接客人到访和自己
回家的地方。

是一个能高高兴兴送你出门，
开开心心迎你回家的地方。

是一个对客人说"欢迎"的地方。

5 min.

（每 天 5 分 钟 断 舍 离）

扔掉"用不着的塑料伞"

伞，象征着"以防万一"。

谁都不想淋雨，但雨也不是每天都下。大多数人的想法是赶上下雨时，最好能有把伞挡雨。

虽然也有人为了"以防万一"而随身携带折叠伞，但想必大多数人平时是把伞放在家里的。骤雨来袭时，便飞奔到便利店买把塑料伞。然而，塑料伞只不过是在当时应应急，回家路上为我们遮风挡雨之后，就"功成身退"了。

买下来，用完后就扔掉——即使我们有这种"一次性使用"的意识，可一旦遇见雨伞这种东西，我们便不会扔掉，而是插进伞架里。于是，雨伞越攒越多。

由于我们的判断基准是"有可能赶上下雨"，要"以防万一"，所以才想把雨伞留下来，有再多把也没关系，并且我们往往对雨伞数量已经超出需要这件事毫无察觉。

雨伞，原本一人拥有一把就足够了。

若是拥有一把价格有点贵、想要好好使用、自己十分喜

玄关

起居室与餐厅

料理台

餐具柜

冰箱

盥洗室

浴室

卫生间

衣柜

书房

卧室

收纳

收拾工作和垃圾处理

欢的雨伞，还会盼着下雨呢。现在，你家的伞架里插着塑料雨伞吗？如果伞架里塑料伞的数量超过了家庭成员的人数，就"清清仓"吧。

现在，我的心头好是一把折叠伞，所以这里并没有长柄伞，当然也就不需要伞架。

此处无伞架

雨伞不一定非要插在伞架里，还可以用完后晾干，收进柜子。

把还湿着的雨伞收起来，有可能导致异味、生出霉菌，所以要尽快通风晾干。

5 min.

选出3双"现在想穿的鞋"

鞋象征着"活动"。我们穿上鞋，去各种各样的地方，见形形色色的人，鞋子承载着我们的期待。

如果任何东西都要按不同的用途准备齐全，物品数量便会无限增加。鞋子恰恰是要按用途分类的物品，即按照TPO①的原则进行分类。

我们的脑海中会浮现出无数个穿着不同的鞋子出席各种各样活动的场景，在这个场合要穿这双鞋，在那个场合要穿那双鞋。可是我们所拥有的时间和空间决定了这些想法是脱离实际的，导致鞋子越来越多，鞋柜被挤得密不透风。

你的鞋柜里现在放着多少双鞋？有没有摆着很久没穿过的鞋子？有没有因为不合脚而受到冷落的鞋子？

我们不用选出"想扔"的鞋，来选一选"想穿"的鞋吧。尊重想把它们穿在脚上、想要享受打扮自己的快乐这种积极

---

① T（Time）：时间。P（Place）：地点。O（Occasion）：场合。

向上的心态。

　　标准是一个季度只需 3 双鞋。浅口鞋和凉鞋共选出 3 双，除此之外，再选出 1 ~ 2 双与它们用途不同的运动鞋和拖鞋。

　　今年的春、夏两季，我只穿过两双鞋，仍是鞋子少少、轮番上场的一贯做法。两双都是舒适又百搭的凉鞋。

重点不是"如何收进去"，而是"如何空出来"。

像鞋店那样陈列出来

位于玄关侧面的鞋柜。理想状态是只占用不到五成的收纳空间。让每双鞋的美丽都更加耀眼。

两双百搭凉鞋，轮番上阵

两双款式相同、颜色不同的凉鞋，并排摆放在第二层。轮番上阵，鞠躬尽瘁，一个季度后便可"光荣退休"。

5min.

每 天 5 分 钟 断 舍 离

断舍离掉"不穿的靴子"

靴子象征着"憧憬"。

长靴、短靴,各自走过了它们流行的年代。最近,又兴起了什么"不再流行的流行"。于是,把曾经很喜欢却因为"过时"而束之高阁的靴子找出来重新穿上,也未尝不可。可找出来时,如果觉得"还是有点不对劲",那么和它道个别,貌似也不错。不知为何总想收进鞋盒不去理会的靴子,当然应该成为断舍离的第一选择。

对我来说,靴子是"骑马"的象征。

2018 年,我开始上马术课。我和朋友诹内江美女士,一有时间便向着广阔的农场出发。换好全套的骑马装,麻利地系紧靴子,变身为一名意气风发的骑手。在所有的运动项目中,骑马是唯一一项需要与动物共同完成的特殊运动。没有了与马的交流,这项运动便不能成立。

马很擅长识人,它会直截了当地做出反应,因此我便不能自欺欺人,就算虚张声势,也骗不过马的眼睛。

玄关

起居室与餐厅

料理台

餐具柜

冰箱

盥洗室

浴室

卫生间

衣柜

书房

卧室

收纳

收尾工作和垃圾处理

　　骑马，是在严肃认真地面对自己，这一点与断舍离完全相同。

带我走向更远的地方的靴子

换季时，不把靴子装进鞋盒里收起来。

**整装待发，
准备迎接下个季节**

3双靴子。中间是平时穿的时装靴，左边的长靴和右边的短靴是骑马靴。

5 min.

（ 每 天 5 分 钟 断 舍 离 ）

打理铺在玄关的地垫

玄关无声无息地连接着内外空间，是很重要的地方。

我家极力贯彻"不在玄关放置任何物品"的原则。确切地说，仅仅是简单地铺了一张地垫。

地垫的图案大胆而又纤细，配色也出其不意。我想要波斯地毯中的卡什凯[①]地毯，网购淘到一张，上面编织的是我超级喜欢的动物。

从室外的水泥地面走进屋内时，地垫代替了台阶，标志着"从这里开始就进家了"。

把鞋子放进步入式鞋柜，雨伞晾干后，也放进鞋柜一角。没有拖鞋，没有拖鞋架，没有装饰柜，也没有挂外套的衣架，这就是我家的玄关。

在这里，我们需要考虑一个问题，那就是玄关的地垫是

---

① 卡什凯：伊朗少数民族，原为游牧民族，以编织卡什凯地毯而闻名。

玄关

起居室与餐厅

料理台

餐具柜

冰箱

盥洗室

浴室

卫生间

衣柜

书房

卧室

收纳

收尾工作和垃圾处理

否"需要、合适、舒服"。

你家玄关的地垫，有没有表达出"欢迎"的心情？是否保持着干净整洁？还是只是胡乱扔在那里，让整洁清爽的感觉荡然无存？

保养玄关的地垫，清扫地垫周围的空间，是相当麻烦的事情。如果你觉得与它相处得并不融洽，那么把它列入断舍离的候选名单也未尝不可。

平时，我会经常用吸尘器清理地垫，也不忘记时不时晾一晾，让它透口气。若是沾上了脏东西，就尽快送去洗衣店。

你家玄关的地垫，是否也在高高兴兴地迎接你？

动物图案的"欢迎光临"

由伊朗游牧民族编织而成的波斯地毯"卡什凯"。
我在用自己十分喜爱的动物图案招待宾客。

5min.

每天5分钟断舍离

断舍离掉玄关的拖鞋

"不给客人拿拖鞋多没礼貌啊"——你是否对此深信不疑？

有些人家里，虽然玄关经常准备着拖鞋，却没机会派上用场，只是一直放在那里。

换句话说，摆在玄关的拖鞋代表着"家里没它不行"的执念。或许还残留着一些对需要穿拖鞋的大房子和上层社会的憧憬。

玄关的拖鞋是可有可无的。在家是赤着脚还是穿拖鞋，不过是两种不同的生活方式而已。

我家玄关就没有摆拖鞋，因为我觉得光着脚在家里走来走去非常惬意。新冠疫情发生后，我开始上"断舍离瑜伽"的在线课程，当然也需要赤足。因为我总是光着脚，便也不觉得冷了。

把地板擦得光可鉴人，用脚掌感受"啪嗒啪嗒"踩在地上的感觉。对客人，我也会告诉他们："请光脚入内。"

玄关

起居室与餐厅

料理台

餐具柜

冰箱

盥洗室

浴室

卫生间

衣柜

书房

卧室

收纳

收尾工作和垃圾处理

==其实，摆在玄关的拖鞋打理起来也不容易。==很难做到经常清洗，想要保持清洁难上加难。同样，拖鞋架往往也会成为污垢和灰尘的温床，而且占地方，挤压着本就有限的空间。

你如果觉得那些没机会穿的拖鞋，还有拖鞋架并不适合摆在用来迎宾的玄关，就干脆利落地断舍离吧！

有了干净的地板，才有光着脚的好心情！

在起居室练习"断舍离瑜伽"

铺上瑜伽垫，和屏幕对面的大家一起舒展身体。

草编人字拖，穿起来更舒适

5 min.

玄关

起居室与餐厅

料理台

餐具柜

冰箱

盥洗室

浴室

卫生间

衣柜

书房

卧室

收纳

收尾工作和垃圾处理

2

每天 5 分钟

起居室与餐厅的断舍离

明媚的阳光照进大大的落地窗。
这里是万能的活动空间。

起居室
与餐厅的
功能

起居室，是饮食起居的地方，

也是"当下"。

我们在这里度过"当下"，

"当下"也从这里流过。

玄关

起居室与餐厅

料理台

餐具柜

冰箱

盥洗室

浴室

卫生间

衣柜

书房

卧室

收纳

收屋工作和垃圾处理

5 min.

清理餐桌上的物品

餐桌象征着"相聚"，我们总是忍不住想在这里上演些相聚的戏码。

桌上空无一物——这也是演出的一部分。

当我们没有围坐在餐桌旁时，当餐桌不用发挥"集聚地"的功能时，一定要让餐桌保持"归零"的状态。可以放在上面的，仅限于当时正在使用的物品。

吃完早餐后，若将餐具一直留在餐桌上，会是一幅怎样的景象？

早餐的相聚时光结束了。收拾起餐具，让餐桌光洁如新，然后就可以宣布"好，我们来安排下一次的相聚吧"。如此循环往复。

桌上如果总是摆着调味料套装，要么就是摆着文件，是无法让相聚戏码在这里上演的。

表演有很多不同的主题。餐厅不一定仅仅用来"就餐"，

玄关

起居室与餐厅

料理台

餐具柜

冰箱

盥洗室

浴室

卫生间

衣柜

书房

卧室

收纳

收尾工作和垃圾处理

可以在这里学习，在这里工作，在这里娱乐，在这里上演的戏码可以变换自如。

　　我家的餐桌桌面宽敞，长 200 厘米，宽 100 厘米。有时我将两张桌子拼成一个正方形，用来举行会议。有时则竖着拼在一起，用来举办宴会。在这里，可以保持足够的"社交距离"，因此我们在此举行过不少次聚会。

地面空无一物。

桌面 "归零"

桌面空空如也，"相聚"时的创意才会层出不穷。

将两张餐桌竖着拼在一起，马上就可以开始进行重要会议。

玄关

起居室与餐厅

料理台

餐具柜

冰箱

盥洗室

浴室

卫生间

衣柜

书房

卧室

收纳

收尾工作和垃圾处理

大大的餐桌占据着生活的中心地位

意大利制造的餐桌。桌面由玻璃制成的桌腿支撑，犹如飘浮在空中一般。

5_{min.}

（ 每 天 5 分 钟 断 舍 离 ）

清理沙发上的物品

　　沙发象征着一种"憧憬"。我们一直有一种"误解"：只有在客厅摆上一张沙发，才能与家人共享天伦之乐，才能放松身心，才能从容待客。

　　坦白地说，沙发完全没用。

　　每件物品都有它的"功能"。在日本狭小的居住空间里，让沙发大显身手并非易事。沙发原本的作用，是吃完饭后，可以坐在上面悠闲地喝茶聊天。

　　可是我们呢，要么是坐在沙发前面把它当靠背，要么是将其用作临时置物台，脱下来的衣服、看到一半的杂志都随手扔在上面，对不对？

　　沙发一定要大模大样地摆在宽敞的空间里，周围最好能留出一圈走动的空间。它不应该紧紧贴着墙壁，缩手缩脚的。

　　而且，沙发的风格与房间并不相称的情况也比比皆是，

玄关

起居室与餐厅

料理台

餐具柜

冰箱

洗室

浴室

卫生间

衣柜

书房

卧室

收纳

收屋工作和垃圾处理

就好像蛋糕和包子一样，原本就是两种气质。

往沙发上"骨碌"一躺，的确舒服惬意。我也好几次经受不住沙发的诱惑"败下阵来"，因此我理解大家总忍不住想要买张沙发的心情。

把现有的沙发清理掉，这在断舍离中也属于"高级篇"中的内容。能够做到这种程度的人少之又少。

那么第一步，先把沙发上的东西清理掉吧。还原它作为人的容身之处的功能，而不是把它当成置物台。

在此基础上，希望大家再一次问问自己，沙发原本的作用是什么？

日常生活中的沙发。
这种情况如今仍在各地大为盛行。

5 min.

清扫地板，
就交给我吧

每 天 5 分 钟 断 舍 离

清理地板上的物品，让扫地机器人畅行无阻

有一位目前十分活跃的断舍离践行师，听到我"践行断舍离后有什么变化吗？"的问题后，立刻回答道："地板露出来了！"

其实，与她答案相同的大有人在。随着被物品挡得严严实实的地板重见天日，那些被我们忽视的污渍和灰尘也跃入眼帘。污渍和灰尘与干净清爽的空间最不相称。感受到这一点后，身体自然而然便会行动起来。

于是就要扫、擦、刷。

说句实话，我原本不是爱打扫的人。在努力断舍离掉物品之后，我才兴高采烈地打扫起来。因为通过"扫、擦、刷"，我切切实实地体会到了那份畅快。

不过，在如今这个便利的时代，"扫"这项工作完全可以交给"Roomba" [①] 来做。为了让它大展拳脚，我只能不断

① 日本 iRobot 公司出品的扫地机器人。

玄关

起居室与餐厅

料理台

餐具柜

冰箱

盥洗室

浴室

卫生间

衣柜

书房

卧室

收纳

收尾工作和垃圾处理

把物品断舍离掉。扫地机器人的本领再高超，可若地板被物品堆得满满当当，它也会马上罢工。

污渍和灰尘被一扫而净后，再用 Quickle 平板拖把[1]进行"擦"的工作。最后俯下身子，把地板"刷"得亮闪闪的。

动动手，动动脚，比去健身房的运动量还大，屋子也变得干净明亮。

来吧，让我们现在就把多余的物品断舍离掉，哪怕一件也好，节省一些花费在不必要的清扫工作上的时间和精力吧。

没有任何路障，可以专心致志地打扫。

勤勤恳恳工作的我家宠物

从一个房间到另一个房间，Roomba 正在旋转移动，完成着它的工作。任何时候有任何客人到访，都能用干净整洁的空间迎客。

偶尔会用到的擦地机器人"Braava"[2]也在柜子里待命。

---

[1] 花王（Kao）公司出品的静电除尘平板拖把。
[2] 日本 iRobot 公司旗下产品。

5 min.

断舍离掉 5 件容易落灰的装饰物

喜欢的小物件、家人的照片、应季的花卉……

在进行室内装饰时，摆上各种各样的物品，展示自己的创意，很开心吧？

可是这些东西，你都在精心打理吗？随着物品越来越多，它们的存在感也会消失殆尽，最终难逃被忘在脑后的命运。

在"室内陈设"这方面，我一直将"茶室"奉为范本。

空间里只装饰一幅挂轴、一株茶花，再沏上一杯清茶，品味季节的魅力。

茶花之所以傲然挺立，光华夺目，得益于在其周围留有充足的空间，没有杂乱无章地装饰着多余物品，没有冗余的设计和用力过猛的编排。

玄关

起居室与餐厅

料理台

餐具柜

冰箱

盥洗室

浴室

卫生间

衣柜

书房

卧室

收纳

收尾工作和垃圾处理

有的只是眼前的留白。

断舍离，就是对多余的物品做减法，享受留白之美。这一点无须多言。

正因周围空无一物，一个摆件、一株鲜花，才都拥有引人注目的力量。

我们对在地板上放些什么极其热心，为在墙壁上挂些什么煞费苦心，那不是"放"，而是"堆"，不对，是"堆积"。家里因此而变得阴暗逼仄，与开阔明亮渐行渐远。

茶道是"简约"的行为艺术，是"留白"的空间艺术，它将空间的力量、物品的力量、行动的力量完美地融为一体。

我每年都要参加几次茶会，是茶会让我发现了断舍离的真谛。

进行装饰时，要像这样留出充足的空间。

在日式矮柜上面摆一株柔和温润的绿植

庄重大方的日式矮柜上面，摆放着身量纤细的植物和熏香，给人以沉静平和的印象。

窗边的搞笑 5 人组

长凳的边缘，摆着一套带有异国风情的人偶，让人联想到正在闲聊的人们的剪影。

玄关

起居室与餐厅

料理台

餐具柜

冰箱

盥洗室

浴室

卫生间

衣柜

书房

卧室

收纳

收屋工作和垃圾处理

用墙壁、挂画、摆件的组合，创造出一个具有神秘气息的角落。

起居室最优越的位置上摆的是狮子像

这是在冲绳的一家我经常光顾的店里买的狮子像守护神。摆在显眼的地方，就不会疏于保养。

5min.

每天5分钟断舍离

把乱成一团的电线
统一收进篮子

我一直将不在水平面上放置物品奉为宗旨，书房的矮柜、床、餐具柜，我都尽量选择有脚的。这样不仅打扫起来轻松，从室内装饰的角度来讲也更美观。

然而，如果电视机、空调、数码家电的电线都乱七八糟地缠在一起堆在地板上，就会使空间的美感荡然无存。

这种情况下，我会买一个尺寸合适的篮子，刚好能把电线收进去。视觉上不再"乱成一团"，便会给人以清爽利落的印象。

另一个可靠的存在是"数码产品篮"。

相机、录音笔、耳机、U盘等小型数码产品，还有电线、充电器，都收进篮子集中管理。由于我是按用途分类整理的，它们不会"不知去向"。我也不会将篮子塞得满满的，坚持

玄关

起居室与餐厅

料理台

餐具柜

冰箱

盥洗室

浴室

卫生间

衣柜

书房

卧室

收纳

收屋工作和垃圾处理

做到"什么东西在哪里一目了然"。

尤其是容易打结的充电线和耳机线，我会用毛巾发圈绑好，就是酒店为客人准备的那种毛茸茸的发圈。这种发圈比橡皮筋好用，看起来也俏皮可爱。

我就是这样，在任何时候都会考虑怎样兼顾好用和美观。

连房间的边边角角都很漂亮

想藏在家具后面却藏不住的"糟心景象"焕然一新。

各个房间都有！乱七八糟的电线这样搞定。

统一收纳，打扫时也轻松

电线周围是灰尘的温床。把篮子拿起来可以清扫地面，篮子里面的灰尘可以集中清理。

不在"三个水平面"上放置物品

不在水平面上放置物品，是断舍离的一条铁律。

桌面、地面、台面，让这三个水平面变得干净清爽起来吧。这也就意味着要制造留白。有了留白，余力和余暇也会随之而来。

然而，我们总忍不住想在水平面上放东西，不仅是"放"，我们还擅长"堆"。放上去一件，就会放第二件，放上去两件，就会有第三、第四件，渐渐地对在水平面上放置物品这件事失去抵抗力。

可是，物品不放在水平面上，那要放在哪里呢？想必大家会发出这样的疑问。

玄关

起居室与餐厅

料理台

餐具柜

冰箱

盥洗室

浴室

卫生间

衣柜

书房

卧室

收纳

收尾工作
和垃圾处理

　　我再说一遍，水平面不是用来放置物品的地方。为什么呢？因为每个水平面都有它的"功能"。桌面有桌面的功能，地面有地面的功能，台面有台面的功能。但是这些功能里面，并不包含"堆积物品"这一项。

　　也就是说，如果这些水平面上一直放着物品，餐桌在就餐时、地面在休闲时、料理台在备菜时便起不到相应的作用。

　　这种"功能缺失"会让自己精神萎靡，生活疲惫不堪，人生受到伤害。

　　正因如此，才要从制造留白做起。把多余的物品断舍离掉，哪怕一件也好，收获满满的留白吧！

水平面①

桌面

从"让餐桌空无一物"做起

饮食是生活的根本。为了吃东西时吃得
香甜，先从餐桌开始清理。就算独自生活，
也用美食来款待一下自己吧。

玄关

起居室与餐厅

料理台

餐具柜

冰箱

盥洗室

浴室

卫生间

衣柜

书房

卧室

收纳

收尾工作和垃圾处理

水平面②
地面

"地面空无一物"
会让人想要动起来

地面上的物品越多，越会让人在身体和精神上都感到活动受限。这也是"想要断舍离却做不到"的原因之一。

水平面③
柜面和台面

装饰物相映成趣

我们总忍不住把物品"随手放在"柜面和台面上。先"归零"，然后再开始编排设计。

巧用起居室的矮柜，让里面的东西一目了然

别具一格的日式矮柜里，收纳的是一些能够体现我个人兴趣的日式小物件。每层抽屉都有一个主题，就好像一幅幅绘制完成的画作。为了把器物和家什衬托得更加醒目，我会铺上餐垫。我还会铺上外文报纸用来吸湿。

最上层是熏香套装

有时我会焚上香，参加晨起瑜伽、睡前瑜伽的课程。

有时用小碗吃饭

圆圆的小碗深得我心。不仅可以在分餐时使用，我也会用它来享用"一个人的午餐"。

茶道用具

做一杯抹茶好好享用，我向往这种悠闲自在的生活。

矮柜不是为了把物品塞进去，而是为了让物品看得见、摸得着、用得上。

玄关

起居室与餐厅

料理台

餐具柜

冰箱

盥洗室

浴室

卫生间

衣柜

书房

卧室

收纳

收尾工作·垃圾处理

背靠一面大大的墙，宽松舒适

颇具存在感的日式矮柜，本身就能成为和客人交流的话题。

九谷烧小酒杯

打开抽屉，五彩斑斓的小酒杯映入眼帘，赏心悦目。有时我也会当小碟子使用。

玄关

起居室与餐厅

料理台

餐具柜

冰箱

盥洗室

浴室

卫生间

衣柜

书房

卧室

收纳

收尾工作
和垃圾处理

5min.

3

每天 5 分钟

料理台的断舍离

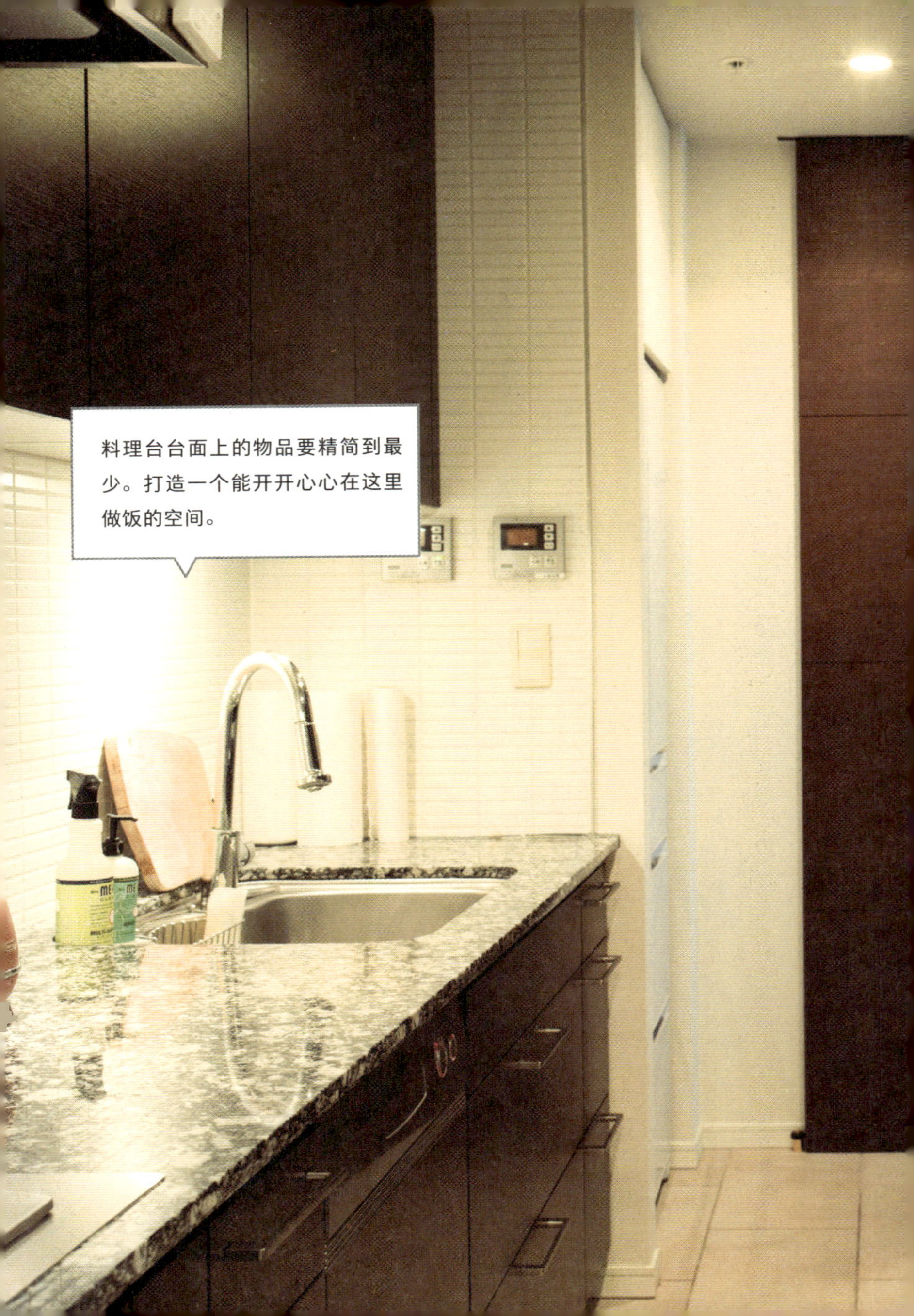

料理台台面上的物品要精简到最少。打造一个能开开心心在这里做饭的空间。

玄关

起居室与餐厅

料理台

餐具柜

冰箱

盥洗室

浴室

卫生间

衣柜

书房

卧室

收纳

改善工作
和垃圾处理

料理台的功能

厨房的料理台，是带给我们健康和安全的地方，同时也是让我们开开心心做饭的地方。

5min.

(每 天 5 分 钟 断 舍 离)

断舍离掉擦桌布，
准备"懒人抹布"

没有比反复使用的擦桌布还要不卫生的东西了。

没有比晾干后的擦桌布还要难看的东西了。

做完擦拭餐桌和料理台等收尾工作后，还要把擦桌布洗净晾干，这就又产生了一项收尾工作，所谓收尾后的收尾。

把用脏的擦桌布跟衣服一起放进洗衣机，我们下不去手，加点漂白剂吧，又相当费时费力。可以说，擦桌布让做家务变得麻烦起来，是块烫手的山芋。既然如此，就要断舍离。

于是，我将"擦"的工作全部交给了"懒人抹布"。

最近，网购到的非常好用的"懒人抹布"深得我心。它比一般的"懒人抹布"更厚、更结实，是一款禁得起反复清洗的产品。因为用起来实在太顺手了，我忍不住把它送给了本书的编辑们作为礼物。

擦完餐具后，将料理台、水槽、煤气灶也擦拭一遍，等它完成了所有使命，就扔进垃圾桶。

为了想擦些什么时马上就能找到，我在厨房的柜子、抽屉等好几个地方都预备了一些。存货则放进走廊的收纳柜里"集中管理"。

怎么样？

每天 5 分钟，还能断舍离掉一直困扰着你的习惯呢！

选择"懒人抹布"时要看结不结实

美国产的"BAMBOO REUSABLE TOWELS"，是所有我知道的"懒人抹布"里最结实的一款。

玄关

起居室与餐厅

料理台

餐具柜

冰箱

盥洗室

浴室

卫生间

衣柜

书房

卧室

收纳

收尾工作和垃圾处理

5min.

（ 每 天 5 分 钟 断 舍 离 ）

用 "懒人抹布" 刷煤气灶

因为新冠疫情而居家度过的平静一天，我比平时更为细致地进行了断舍离。没有客人到访，物品的筛选进行得非常顺畅。既然完成了断舍离，我便想要把后续的扫、擦、刷工作也一起做完。

寝室和书房的地毯，平日里是交给 Roomba 清理的，我用吸尘器又清扫了一番。地板也用 Quickle 平板拖把擦了一个遍，连边边角角都不放过。

然后就是"刷"了。厨房的水槽、盥洗室的洗脸池和水龙头，都刷得锃光瓦亮，最后将煤气灶刷得光洁如新。

灶台是能让人一眼看出平时有没有好好做清洁的地方。"每次用完"都擦拭干净，便不用"吭哧吭哧"地清理顽固污渍了。

另外，一心一意地打磨与佛教中的"奢摩他"冥想（将意识集中到一点，沉心静气，获取灵感）有相似之处。这种行为本身便会让人感到开心快乐，趣味无穷。

　　能够进行到扫、擦、刷中"刷"这一步的人，其实水平已经相当高了。许多人在走到这一步之前便精疲力竭，甩手不干了。

　　正因如此，我才要在这里将"刷"的重要性告诉大家。

　　只要你努力将物品刷得明光锃亮，物品就会焕然一新，这是再简单不过的事实。反之，物品便会暗淡无光。

　　仅此而已。

　　简而言之，物品的状态是你有没有付诸行动的证据。你将它刷得明光锃亮，它便会焕然一新。这个道理不仅适用于物品，也适用于我们自己。

玄关

起居室与餐厅

料理台

餐具柜

冰箱

盥洗室

浴室

卫生间

衣柜

书房

卧室

收纳

收尾工作和垃圾处理

"擦"的工作交给 Qiuckle 平板拖把

它的优势在于便捷，平时可以就近放在身边，拿起来就能用。我会一边放着音乐，一边享受用它擦地的乐趣。

山下英子式

垃圾袋使用法——舒心愉快

首先准备一个塑料袋

为了不让厨余垃圾堆在三角沥水篮里，在案板旁预备好塑料袋，开工。

切好的粉色柠檬

泡进碳酸水里很好喝。搭配来自鹿儿岛指宿的青柠，可以做成粉红柠檬水。

将剩余的食材装入保鲜盒，随时都能用

装入保鲜盒，放进冰箱保存。可以用来做菜，也可以用来做饮品，用途多样。

把水果蒂装进塑料袋

把切下来的水果蒂随手装进塑料袋，在袋子还没被装满时系口。

用"懒人抹布"将刀擦净

刀子几乎没被弄脏，因此无须清洗，只要用"懒人抹布"轻轻擦几下就可以了。

案板也用"懒人抹布"擦净

只用来切了粉红柠檬和青柠的案板无须清洗，将水分擦净后，立刻竖起来晾干。

细水长流地做家务——回回都用"小塑料袋"

只要做饭，就一定少不了收拾。比如每切一次菜就要清洗案板，每炒一道菜就要洗锅，厨余垃圾也会越来越多。若打算"最后再一起收拾"，水槽里的碗和三角沥水篮里的厨余垃圾就会堆得像小山一样。把这些一口气收拾好，想必会累得够呛。因此，要细水长流地做家务。

准备好小塑料袋，每次扔小塑料袋，这样便不会觉得不忍心了。

玄关

起居室与餐厅

料理台

餐具柜

冰箱

盥洗室

浴室

卫生间

衣柜

书房

卧室

收纳

收尾工作和垃圾处理

5 min.

每 天 5 分 钟 断 舍 离

用"懒人抹布"擦净
水槽里的水滴

曾经有人问过我这样一个问题："泡热水澡的畅快和把水槽刷得锃亮的畅快，有什么不一样呢？"

提问的那位女士，此前从没有擦拭过厨房的水槽。挺让人吃惊的吧？可回头想想，曾经的我也和她一样。

刚刚结婚时，看到婆婆不辞辛苦地擦拭水槽，连水滴都要擦干净，我还十分讶异地想："反正之后还会变脏，擦它干吗啊？"

但现在不一样了。我体会到了将厨房的水槽、水管和水龙头刷得锃光瓦亮后，心情有多畅快。"刷"这个行为本身就让人觉得畅快，刷完后的锃光瓦亮也让人觉得畅快，是双重的畅快。

说回开头的那个问题。我是这样回答的。

泡热水澡的畅快，必定是一种得到治愈的畅快，一种身

玄关

起居室与餐厅

料理台

餐具柜

冰箱

盥洗室

浴室

卫生间

衣柜

书房

卧室

收纳

收屋工作和垃圾处理

心放松的畅快，可以说是"慰劳"。

把水槽刷得锃亮的畅快，必定是一种受到鼓舞的畅快，一种精神抖擞的畅快，可以说是"款待"。

待在干净明亮的空间里，用着光洁如新的餐具，被这样款待，想必任何人都会感到开心和舒适。

另外，二者最大的不同，在于被动和主动。

把水槽刷得锃亮的畅快，是自己主动争取来的畅快。

用刷水槽给一天画上句号

刷水槽是我每天睡前的"必修课"。排水口若是每天都清洗，便不会变得滑腻。将水滴完全擦干净后，大功告成。

既环保又护肤的去污剂

梅耶太太[1]牌的清洁剂（左）和洗手液（右）

---

[1] 梅耶太太：Mrs. Meyer's，美国日化品牌。

5min.

每 天 5 分 钟 断 舍 离

更换海绵擦

　　海绵擦象征着"卫生"。它的用途是将餐具清洗干净。若是海绵擦不干净，大家是不会想用它来清洗直接接触口腔的餐具的。

　　然而，有的朋友不清楚"海绵擦究竟用到什么程度应该更换"，一直使用同一块海绵擦，不免让人感到担心。海绵擦是细菌的繁殖基地，怎么能都变得黑乎乎的了还继续用啊？

　　海绵擦要勤换。我大概是一周一换。毕竟不是什么成千上万元的高价商品。

　　如果觉得海绵擦有些旧了，就用它擦一擦水槽、灶台，或者用它把洗脸台清洁干净，然后扔进垃圾桶。转变思维，把用完就扔当作前提。

　　说起海绵擦的不可思议之处，那就是不知为何，商店里摆的海绵擦大都是鲜艳的荧光色。荧光黄、荧光橙已经是基本款了。而我会尽量选择白色或者自然色。

有一个时期，我也会将密胺海绵剪成小块使用，或是将别人送的可爱的麻布袋子当作海绵擦使用。

为了在厨房里时能开开心心，营造明快的视觉效果也很重要。勤换海绵擦，让厨房里的收尾工作流畅地运转起来吧。

玄关

起居室与餐厅

料理台

餐具柜

冰箱

盥洗室

浴室

卫生间

衣柜

书房

卧室

收纳

收尾工作和垃圾处理

选购海绵擦时，我看重的是颜色
这是我现在使用的海绵擦。市面上的海绵擦大都五颜六色的，在超市发现这款白色的海绵擦时，我立刻买了下来。

及时更新换代
不管怎样，海绵擦都会一天天变脏，属于消耗品。把一直拖着不肯更换海绵擦的毛病也断舍离掉吧！

5 min.

让厨房里的家电
焕发光彩

榨汁机、咖啡机、面包机、切菜机……厨房家电轻便好用，外观漂亮，我们总忍不住想要买下来。

厨房家电属于"工具"，若按照"用途"添置，数量便会无限增加。举例来说，面包机的用途是把面包烤得恰到好处，切菜机的用途是将蔬菜切碎。如果需要一种用途就添置一件家电，到头来你就会发现，橱柜和料理台变得越发拥挤了。

那么，该如何进行筛选呢？

暂时断舍离，之后再"复活"

我过了一段"没有电饭锅的生活"，2018 年又将它"复活"了。在新冠疫情下的封闭生活中，我每天都自己下厨，电饭锅派上了大用场。

梦想中的"家庭咖啡厅"成真了

新冠疫情下的封闭生活刚刚开始时购入的咖啡机。产自马丘比丘的咖啡豆，帮我挨过了秘鲁之行被取消的痛苦。

厨房家电也和"自己的一时兴起"有关。有位女士一直舍不得扔掉自己沉迷于做点心时添置的工具。如今，她已经5年没做过点心了，但那些工具仍旧占据着一个柜子。

所以，<mark>热情退去后，就干脆利落地放手吧！</mark>

也许你会问："我再次一时兴起时怎么办？"

没关系。当你又一次一时兴起时，市面上的厨房家电也都更新换代了。电器产品发展迅速，性能在不断升级，外观也在发生变化。

请你尽情享受自己的一时兴起。然而，热情退去后，要痛快地说再见。等到又一次一时兴起，那时，便是你邂逅新事物的契机。

选择厨房家电时重视"颜值"

面包机和电热水壶都是德龙[①]的产品，买下它们是因为喜欢它们的颜色。榨汁机是维他密斯[②]的。

即使没几件要洗的餐具，也要动用洗碗机

厨房自带的洗碗机是瑞典制造的，内部空间充足是它的魅力所在。"没几件要洗的餐具也要动用洗碗机吗？"——把这种内疚感断舍离掉吧！

---

① De'Longhi，意大利家电品牌。
② Vitamix，美国家电品牌。

玄关
起居室与餐厅
料理台
餐具柜
冰箱
盥洗室
浴室
卫生间
衣柜
书房
卧室
收纳
收尾工作和垃圾处理

5 min.

决定锅的"断舍离"
候选名单

对于圆锅和平底锅，我们总是不知不觉按照用途添置。

所谓按用途添置，指的是根据做什么菜、做多做少选择使用不同的锅，有时甚至还会考虑区分大、中、小号。这样一来，锅的数量会越来越多。

常言道"大可兼小"，用在锅的身上似乎并不合适。

若是独自生活，小巧的锅刚刚好，越大的锅用起来越不顺手。

平底锅也是如此，我们总想备齐几只深浅不一、用处各异的平底锅。

锅深浅不一，就意味着丝毫没有考虑收纳空间，没有考虑收纳空间能容纳多少只锅，又该如何收纳。由于大家完全忽视了这一点，我才总是反反复复地强调"空间、空间、空间"。

我见过许多这样的情况：圆锅和平底锅的数量两只手都数不过来，收纳柜里也放不下。

越是长年操持家务的"一家之主"，越会觉得厨具是自己支撑着家庭的证据，象征着自己一路走来的荣光。因此，断舍离时，一定会说"多可惜啊"。

把圆锅和平底锅都从橱柜里拿出来，平铺开，整体审视，其中或许就有两三件不需要的物品、多余的物品、没用的物品。

从注重用途的"物品轴"思维转向注重"易取好收"的"空间轴"思维吧。

可以干锅加热的陶锅

无须加水便可直接加热食物，十分好用。陶锅一定要从盒子里拿出来，保持准备就绪的状态，哪怕今天晚饭时就要用到也没问题。

玄关

起居室与餐厅

料理台

餐具柜

冰箱

盥洗室

浴室

卫生间

衣柜

书房

卧室

收纳

收尾工作和垃圾处理

5 min.

给专业保洁打电话

清理换气扇和空调是一项费时费力的工作，我们一边想着"不清洁不行了"，一边又总是一拖再拖。明明知道这项工作不仅关乎房屋清洁，还会影响电费开销，十分重要，可一旦要做时又踌躇不前。我想告诉这样的朋友，"每天5分钟"，你能做到的是，打电话给专业的保洁工作者。没错，交给专业人士处理。

跳出"任何事都要亲力亲为"的思维模式，甩掉"明明是自己能（应该）做的事，却要花钱请人"的负罪感吧！

别说换气扇和空调了，我甚至有过把整个房屋的清洁工作都拜托给别人的时候，包括厨房、浴室、卫生间、木地板，以及窗玻璃。

专业的保洁人员笑容满面、手脚麻利地工作着，把我家打扫得窗明几净。请人清扫"整个房屋"，当然要支付相应的费用。这笔钱花得值不值，要看我们自己如何认为。

不能单纯地觉得只是保养了一下换气扇而已。

不能简单地认为仅仅是打扫，不过是扫、擦、刷而已。

这是对房屋和自己身心的一场疗愈，可以说，是在进行治疗。是防患于未然的治疗，是不折不扣的预防性治疗。

这样一来，我们就会觉得这是一笔给房屋和自己的"健康投资"，绝对一点都不多。

预防和保养往往容易被忽视，因为它们看不见摸不着，无影无形，结果和效果也难以预见。

然而有一点是毋庸置疑的。那就是看见换气扇黑乎乎的滤网，想到自己就是呼吸着从这里吹出来的空气时，我们一定会毛骨悚然。

玄关
起居室与餐厅
料理台
餐具柜
冰箱
盥洗室
浴室
卫生间
衣柜
书房
卧室
收纳
收尾工作和垃圾处理

"喂，您好，我想叫个保洁"
也许一开始，你会因为"本来应该自己做"而感到内疚，可看到完工后的效果，想必你会觉得"请人来做可真不错"。

4

每天 5 分钟

餐具柜的
断舍离

玄关

起居室与餐厅

料理台

餐具柜

冰箱

盥洗室

浴室

卫生间

衣柜

书房

卧室

收纳

收尾工作和垃圾处理

一日三餐是对自己的款待，用赏心悦目的餐具吃饭吧！

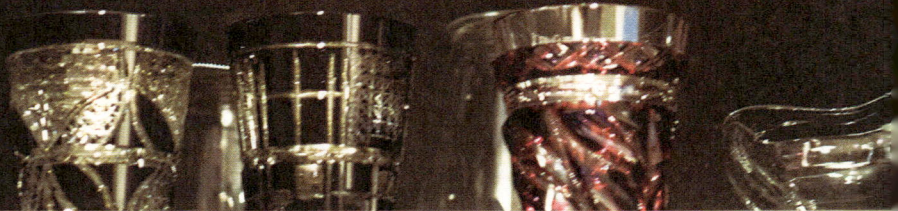

玄关

起居室与餐厅

料理台

餐具柜

冰箱

盥洗室

浴室

卫生间

衣柜

书房

卧室

收纳

收尾工作和垃圾处理

餐具柜的功能

餐具可以衬托出美味佳肴的绚丽多姿，餐具柜是食物的衣柜。

"给食物打造一个漂亮的衣柜吧！"

5 min.

把餐具柜看作"一幅画"

我每天都提醒自己，无论是整理小物件还是餐具，都不是在收纳，而是在陈列，也就是说，要用装饰的心情进行收纳。

想要做到这一点，精简物品就成了最重要的必备条件。空间有留白，简单的日用品也能变成精致的艺术品。

我非常喜欢餐具柜这个地方，甚至可以说，布置餐具柜是我的兴趣所在。

后退一步，将餐具柜看作一幅"立体画卷"，纵观全局，思考餐具该如何摆放，就像思考该如何下笔一样。

餐具的位置稍有变动，餐具柜给人的整体印象就会发生改变，因此我便反复琢磨："要不往这边挪一点？要不要再减掉一些物品，减完再布置？"乐此不疲，沉浸其中，怡然自得。或许可以说，餐具柜就犹如一张没有标准答案的画布。

话虽如此，餐具毕竟是要拿来用的。和收纳其他物品时一样，餐具收纳的基本原则也是"易取、好收、美观"。

<mark>柜子最上层，如果够不到就空着。</mark>一般情况下，我们都是为了"如何收纳"费尽心思，然而，断舍离致力于钻研"如何才能不用收纳"。

另外还要注意，"烹饪、装盘、上桌"这一系列的流程要衔接顺畅。

有"间隔"才美丽

将轮岛涂①的碗和古伊万里②的大号盘子"悠然自在"地陈列在餐具柜里。

——————

① 日本石川县轮岛市起源生产的漆器名称。

② 日本佐贺县有田町一带生产的瓷器。经伊万里港运往各地，故名"伊万里"瓷器。为了区分，将江户时代生产的伊万里瓷器称为"古伊万里"瓷器。

玄关　起居室与餐厅　料理台　餐具柜　冰箱　盥洗室　浴室　卫生间　衣柜　书房　卧室　收纳　收尾工作和垃圾处理

5min.

每 天 5 分 钟 断 舍 离

精挑细选出"赏心悦目的餐具"

我喜欢器皿。现在正在收集约 100 年前的大正①时期的器皿赏玩。说是古董吧，又有点新，姑且把那个年代的器皿称为"近代古董"吧！

在我的故乡之一石川县，一对优秀的夫妇经营着一家古董店，每次返乡，我都会顺路去逛逛，买点什么。

日本器皿的特色是用得越久磨得越光滑。有时我会将现有的器皿送人，再买新的。又想买新的时，就将旧的再次送人。餐具柜的空间有限，我便缓慢地进行着循环，以这种方式与器皿相处。

日式餐具的魅力在于一器多样和一器多用。一件器皿有

---

① 日本大正天皇时代的年号。1912 年是大正元年。

各种各样的用途。它们"海纳百川"，与西式、日式、中式、民族风等任何风格的菜肴都相得益彰。将意大利面盛在稍大些的日式餐盘里，用筷子享用，难道不觉得更加美味吗？

按照我的理解，餐具柜是空间，餐具本身也是空间。

饭菜在这个空间里要如何摆放，才能显得更为美味呢？换句话说，餐具就是食物的衣服。

衣服，需要穿在身上时欣然自得，不穿时挂在一旁也照样赏心悦目。餐具也一样，要选择用着舒心、看着养眼的。

可爱到让我忍不住好好爱惜它们！

轮岛涂小碟子，用途多样。

轮岛涂的碗和碗盖，上面的花纹各有意趣。

轮岛涂的碗，可以用来装一人份的什锦寿司。

轮岛涂托盘，美在"漆"。

玄关
起居室与餐厅
料理台
餐具柜
冰箱
盥洗室
浴室
卫生间
衣柜
书房
卧室
收纳
收尾工作和垃圾处理

将放和服的衣柜
变成器皿的展厅

我巧妙利用抽屉，将放和服的衣柜变成了器皿的展厅，轮岛涂得以在这个空间里大放异彩。

吉祥"福"碗

带"福"字的碗，能召唤幸运。有时我会把坚果放在里面享用。

来盘什锦寿司

装上一人份的什锦寿司，享受美好心情。

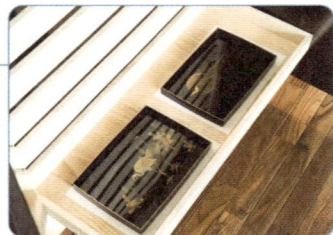

雍容华贵的金箔托盘

下层抽屉里摆着两只轮岛涂四角托盘，"器宇轩昂"。

轮岛涂小碟子

可以用来放首饰,也能用来当茶托,一器多用。

轮岛涂点心碟

这种平碟尺寸合适,可以用作蛋糕碟,也可以用来装小菜和沙拉。

一只碗配一个盖子

这种收纳方式可以展示碗、盖的图案和花纹。酸奶、纳豆,都可以用这种碗盛放。

乌黑锃亮的漆器碗

这些也是配套的碗和盖子。浅浅的抽屉变成了展示它们的展台。

九谷烧酒盅

色彩斑斓、赏心悦目的酒盅。有时我会将一些难得一见的珍馐美味放在里面享用。

玄关

起居室与餐厅

料理台

餐具柜

冰箱

盥洗室

浴室

卫生间

衣柜

书房

卧室

收纳

收尾工作和垃圾处理

5 min.

每天5分钟断舍离

断舍离掉不精致的
物品和塑料制品

一些会让我们想"这是什么时候买的来着？""我怎么会有这个东西？"的物品还在餐具柜里沉睡。也许大家心中有数，大概就是一些不太精致的赠品，或者一些随便买的塑料盘子之类的东西。

一位来听我讲座的年轻男士，正打算用买甜甜圈攒的积分兑换一件不算精致的赠品。

在学到"断舍离是在款待自己""断舍离是在接近理想中的自己"之后，他当机立断地说："我不去兑换了！"

没错，那件不算精致的赠品，会让自己更有"男子汉气概"吗，还是恰恰相反呢？这位男士貌似已经做出了自己的判断。

好险，这位男士差点就把自我印象定位成赠品了。

攒积分换赠品，的确会让人觉得很划算，很开心。

然而，行为与物品是两码事，是不同层面的事情。

==我们有必要仔细斟酌一下，当下对自己来说，这件物品是否真的"需要、合适、舒服"。==

给"有男子汉气概的自己"准备的东西，一定要反反复复地精心挑选，不能用粗制滥造、敷衍了事的东西对待自己。

玄关

起居室与餐厅

料理台

餐具柜

冰箱

盥洗室

浴室

卫生间

衣柜

书房

卧室

收纳

收尾工作和垃圾处理

考虑物品是否真的需要

为了追求那一点点的"划算"，搞得心情忽好忽坏。与其如此，不如立足于"自我轴"精挑细选，反而更开心。

5 min.

好杯子，要"日常使用"

品质上乘的好杯子象征着"憧憬"，它本身就是艺术。

然而，无论是对别人送的杯子，还是对自己买的杯子，觉得"这么贵，还是应该好好收在盒子里"的人都出奇地多。不，不要收进盒子里，一定要拿出来用，离"憧憬"更近一些吧。

不要把它们单独收起来留给客人使用，平时就给自己用吧。

无须顾虑他人，正因为是品质上乘的好东西，才更要留给自己，给自己最为隆重的款待。

另外，用完放回柜子里时，不要用"你给我进去吧"的感觉把它塞回拥挤逼仄的空间里，而是对它说一句："你在这里舒舒服服地休息休息吧。"

没错，断舍离是一种款待。先从整理居住空间、审视物品、精简物品这一过程做起。

在款待对自己而言很重要的朋友时，我想任何人都会把房间收拾干净，再用精致的茶具准备一壶好茶吧。

断舍离，是自己让自己享受这种待遇。
断舍离，是自己款待自己。
自己讨自己欢心，自己让自己开心。

这样一来，名为"快乐"的圆环就会自然而然地向家人、朋友、空间的方向不断延伸。

玄关

起居室与餐厅

料理台

餐具柜

冰箱

盥洗室

浴室

卫生间

衣柜

书房

卧室

收纳

收尾工作和垃圾处理

主动接近"憧憬"

不要只是摆着观赏，要用起来。这些九谷烧杯子，我有时会用它们来喝啤酒。

起居室的餐具柜里，都是"赏心悦目"的东西

　　无论西式餐具还是日式餐具，漆器还是青花瓷，大平碟还是小茶碗，放进"海纳百川"的日式餐具柜里，都十分和谐。

抽屉里的茶杯

在网上一见钟情的英国中古茶杯。

用途多样

日式器皿，要按自己的方式使用才有乐趣。比如用来放首饰。

清凉的"蓝色角落"

上面一层是梅森（Meissen）[1]瓷器，中间一层是京都瓷器，下面一层是古伊万里瓷器。颜色一致，和谐统一。

古伊万里青花瓷

左侧抽屉里是难得一见的青花瓷。江户时代烧制的伊万里瓷器，被称为"古伊万里"瓷器。

最终还是归于"漆器"

哪怕漆有些磨损，也不失韵味。用得越久越有光泽。

---

① 德国瓷器品牌。德国"Meissen"（梅森）是全欧洲最早成立的陶瓷厂。

5min.

(每 天 5 分 钟 断 舍 离)

将餐具数量精简到
"家庭成员数 +1"

刀、叉、勺等餐具，象征着我们对"配套"的信仰。

家里几口人？有没有访客？你是否认为，既然是必需品，餐具就是要成套的才好，与其等不够用时再去配齐，倒不如一开始就成龙配套，准备齐全？

一户生活着夫妻二人的人家，采用了山下英子式餐具收纳法，虽说仍稍显拥挤，但餐具都整整齐齐地收在抽屉里，每样 5 只。听主人说，家中没有客人来访，只有一个已经成年的儿子，一年一次，回家看看，有时还不回来。当我发出"既然如此，为什么每样餐具都有 5 只"的疑问时，得到的回答是："因为 5 只是一套啊。"

说完后，主人似乎也隐隐约约感到有些不对劲。于是，我便让他们减到每样 3 只，空间变得清爽多了。

回归正题。

夫妻要"配套",家人要"配套",亲戚要"配套",什么都要"配套"。我发现,大家似乎已经被"配套"绑架了,因此才会对"不配套"感到不安,或者被"配套"逼得透不过气来。

断舍离的主张是,配不配套都可以。有时可以步调一致,有时也能各自前行。

断舍离看重的,是因时制宜,因地制宜,自由自在。

和外面餐厅里一样的餐具盒
5 把勺子,5 把叉子……将餐具放进篮子,直接摆在餐桌上备用。

数数你家有几套餐具!

玄关
起居室与餐厅
料理台
餐具柜
冰箱
盥洗室
浴室
卫生间
衣柜
书房
卧室
收纳
收尾工作和垃圾处理

5min.

（ 每 天 5 分 钟 断 舍 离 ）

将保鲜容器精简到
10 个以下

说到保鲜容器，最有代表性的就是保鲜盒了。之前我造访过的好几户人家，都是被保鲜盒占据的"保鲜盒之家"。

"马上扔。""下次扔。""回头扔。"

虽然嘴上这么说，但人们还是会把盘子里剩的一点残羹冷炙装进保鲜盒，再往冰箱里一放了事。

什么时候吃呢？还是冷藏 3 天左右就扔掉？要么是保存一周左右再扔掉？或者是冷冻 2 个月后扔掉？又或者是冷冻几个月，直至忘却？

到最后还是不会吃掉。

马上扔也好，下次扔也好，回头扔也好，总归还是要扔的。

话虽如此，马上就扔掉，依旧是一件相当困难的事情。因为对舍弃的愧疚感会导致我们拖延不决。

不过我也没资格责备别人。在新冠疫情下的封闭生活中，我家的保鲜容器也渐渐多了起来。

我本打定主意把空着的保鲜容器都放进冰箱储藏，可柜子里的保鲜容器变得越来越多。我虽隐约觉得它们还有用，但还是干脆利落地断舍离掉了。因为已经不用再关在家里了，想吃什么马上就能买。

我将保鲜容器精简到中号 4 个、小号 4 个。不够用的话，用保鲜袋代替也没问题。

容器是看得见、摸得着的东西，扔掉的话，肯定会心疼。我当然也不例外。

就算心疼，也只能下决心扔掉。我们一起加油吧！

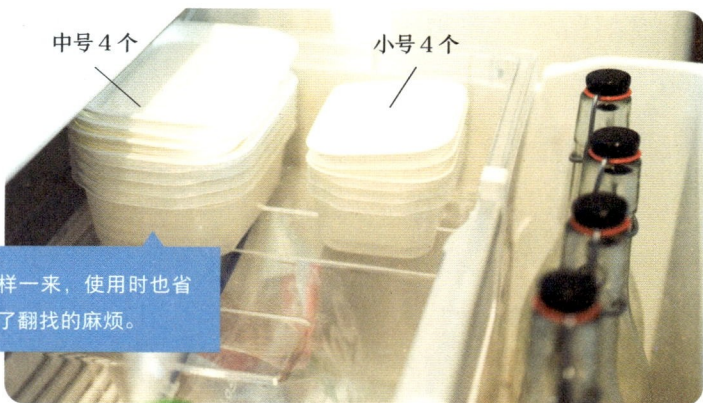

中号 4 个　　　　　　　小号 4 个

这样一来，使用时也省去了翻找的麻烦。

冰箱要保持卫生

把还没完全晾干的保鲜盒摞在一起是很令人担心的。为了抑制细菌繁殖，要把保鲜盒完全晾干。

玄关

起居室与餐厅

料理台

餐具柜

冰箱

洗碗机

浴室

卫生间

衣柜

书房

卧室

收纳

收尾工作和垃圾处理

看不见的收纳、
看得见的收纳、
展示型收纳

关于收纳物品时，如何才能使空间和物品数量达到美妙的平衡，有一套简单易懂的衡量标准，那就是"七五一法则"。

收纳时，将物品总量精简到占空间整体的七成、五成、一成。

"看不见的收纳"，比如壁橱、衣柜、抽屉这类封闭式的收纳空间，物品最多占空间的七成。不要塞得密不透风，有意识地做到"易取好收"。

"看得见的收纳"，比如装有玻璃门的餐具柜等收纳空间，物品占空间整体的五成。因为平时可以看见内部，所以更要注重美观。空间里的"间隔"越宽，越能彰显物品的美。

还有就是"展示型收纳"，比如开放式的收纳空间，以及把物品摆在水平面上的时候。这种情况下，物品只占空间整体的一成。精简物品，让物品成为空间里的主角，进行展示，打造"万绿丛中一点红"的效果。

这便是"易取好收"的状态。

玄关

起居室与餐厅

料理台

餐具柜

冰箱

盥洗室

浴室

卫生间

衣柜

书房

卧室

收纳

收尾工作和垃圾处理

厨房里的家电和餐具柜，让你喜欢上做饭

厨房，干净卫生是根本。在此基础上，把它打造成一个让你觉得"我想站在这里""做饭是一种享受"的空间。

柜子里是"我的日常用品"

将喜欢的餐具放在触手可及的柜子里，整齐摆放，日常使用。

餐具其实有很多

在中间一层的右侧，有 10 套餐具正在待命。最多可供 12 位客人使用。

把靠近天花板的柜子空出来

拥有充裕的收纳空间固然是件好事。
然而,自己够不到的地方,还是空着吧。

在这样的空间里,厨具、家电都成了艺术品。

将空瓶也排好备用　浓汤宝

冬葱

海苔

砂糖

调味瓶靠墙整齐排列

海苔、砂糖、浓汤宝……
各色各样的调味料一字
排开,空瓶也一起排好。

木制案板,结实可靠

可以"一步到位"取用
的案板,体形小巧,却
结实可靠。

玄关

起居室与餐厅

料理台

餐具柜

冰箱

盥洗室

浴室

卫生间

衣柜

书房

卧室

收纳

收尾工作和垃圾处理

厨房抽屉里的模样

　　什么东西放在哪里，数量多少，怎么摆放才美观——下面，我将把经过精挑细选放进抽屉的物品全部展示给大家。

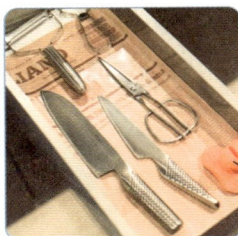

精致的刀具

性能出色的物品自然美丽。这是具良治的刀具们。

开瓶器

木制沙拉勺
木铲

勺子和平底锅专用铲

2 只勺子，1 只平底锅专用铲。数量不需要太多。

清洁用品一个抽屉就装得下

里面有除菌剂、清洁膏、平板拖把的替换布等物品。

圆瓶清洁膏是"Hihome"[1]

做饭方便、善后轻松的厨房。

---

[1] 日本珪华化学工业出品的清洁膏。

漂亮的镇石　塑料袋

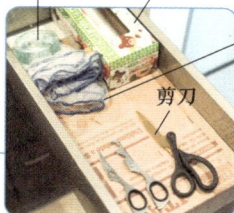

剪刀

剪刀和塑料袋

最上层的抽屉里，是使用频率最高的剪刀和小垃圾袋。

保鲜袋
保鲜膜

厨房"懒人抹布"

保鲜膜和保鲜袋

第二层是使用频率较高的物品。保鲜袋有两种尺寸。

过滤袋
烹调纸

三角沥水篮专用袋

其中圆圆的盒子里，装着大约 20 只三角沥水篮专用袋。

三角沥水篮专用袋

唯米乐[①]的锅

宜得利[②]的锅垫

锅碗瓢盆都拥有舒适宽敞的座席

挑选厨具时，我很看重外观。我还给锅铺上了"坐垫"。

量杯　榨汁器

① 唯米乐（Vermicular）锅具，由创立于 1936 年的日本名古屋老牌工厂爱知德美株式会社制造。

② 宜得利（Nitori），日本家居连锁店。

玄关
起居室与餐厅
料理台
餐具柜
冰箱
盥洗室
浴室
卫生间
衣柜
书房
卧室
收纳
收屋工作和垃圾处理

5

每天 5 分钟

冰箱的
断舍离

玄关

起居室与餐厅

料理台

餐具柜

冰箱

盥洗室

浴室

卫生间

衣柜

书房

卧室

收纳

收尾工作和垃圾处理

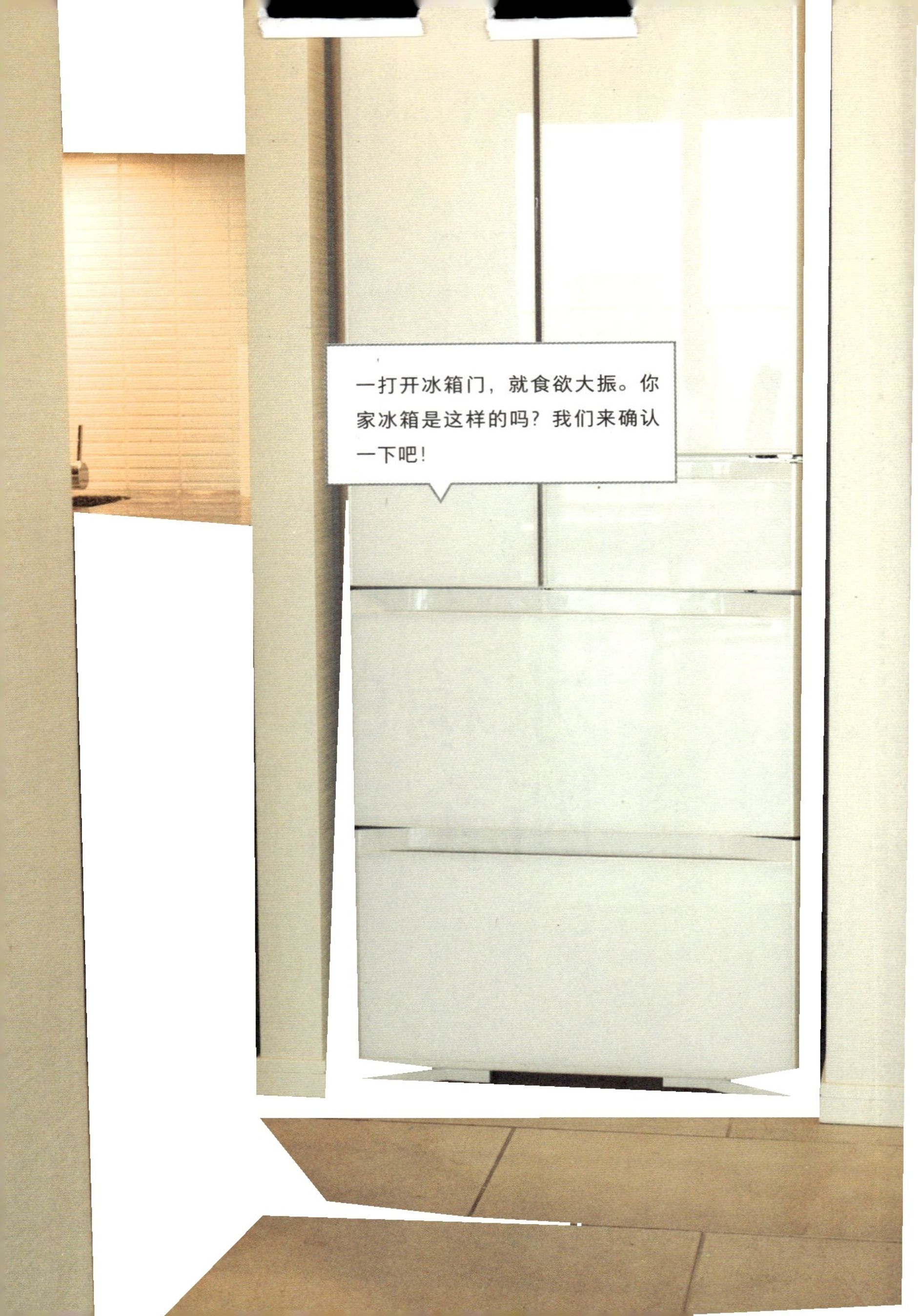
一打开冰箱门，就食欲大振。你家冰箱是这样的吗？我们来确认一下吧！

玄关

起居室与餐厅

料理台

餐具柜

冰箱

盥洗室

浴室

卫生间

衣柜

书房

卧室

收纳

收尾工作和垃圾处理

冰箱的功能

冰箱，是食材的候场室，

是食材登场前的准备室。

不过是暂住，并不是仓库。

5min.

(每 天 5 分 钟 断 舍 离)

确认食物的"保质期"

冰箱里如果有过期食品，就清理掉，这再简单不过了。然而更重要的是，冰箱里究竟存放着多少"自己想吃的食物"？

想吃的食物 vs 不想吃 / 不能吃的食物

它们各自占比多少？大家有没有觉得，不知为何，冰箱里塞的食物越多，其中自己想吃的东西反而越少？

冰箱里若塞满了食物，就好像在催促我们"赶快吃！"，导致我们吃掉了原本并不想吃的东西。

在想吃的时候，吃想吃的东西，想吃多少就吃多少。这才是开开心心享用美食的基础。可就这么一件简单的事情，做起来却极其困难。到头来，我们却要在不想吃的时候，吃不想吃的东西，而且即便吃不下了，也还要继续吃。

更严重的是，有些人甚至连自己想吃什么、想不想吃都分不清楚。也就是说，处在"不知饥饱"的状态。

结果就是日复一日地吃完就后悔，担心"会不会变胖"啦，"对身体不好"啦，对吃东西这件事的罪恶感越发强烈。

食欲，是吃得香甜的根本，是吃得开心的基础。没错，想要活得快乐，食欲相当重要。

为了找回食欲，唤醒食欲，就要对冰箱进行断舍离。

来吧，对冰箱里你不想吃的东西说声"抱歉"，然后和它们说"再见"吧！

打开冰箱门，把里面的东西全都拿出来、平铺开，进行俯瞰。

将透明保鲜盒放进冰箱，
以便控制物品总量

　　冰箱中的收纳，也要以"易取、好收、美观"为原则。
你家的冰箱里，什么东西放在什么位置，是否一目了然？物
品能够"一步到位"地取出来，"一步到位"地放回去吗？
如果答案是"NO"，那就说明冰箱里的东西太多了，减一点、
再减一点吧。

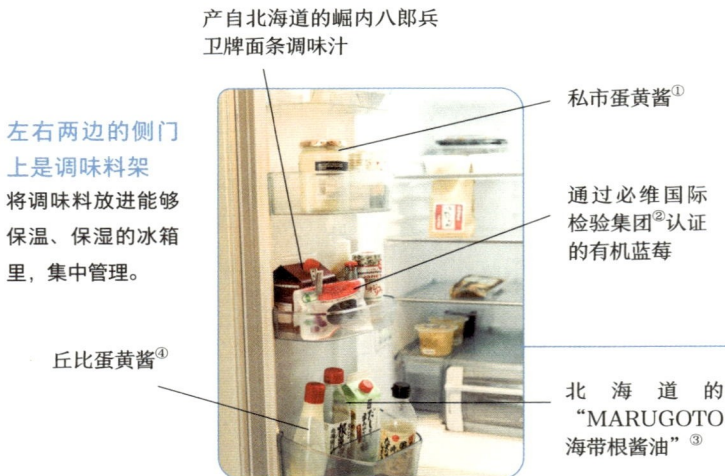

产自北海道的崛内八郎兵
卫牌面条调味汁

私市蛋黄酱①

**左右两边的侧门
上是调味料架**
将调味料放进能够
保温、保湿的冰箱
里，集中管理。

通过必维国际
检验集团②认证
的有机蓝莓

丘比蛋黄酱④

北 海 道 的
"MARUGOTO
海带根酱油"③

　　① 由日本私市株式会社生产的蛋黄酱。
　　② 总部位于法国巴黎，知名国际检验、认证集团。
　　③ 由日本北海道 Kenso 株式会社出品的酱油，在酿造过程中加入了海带根
部的提取物。
　　④ 由日本丘比（Kewpie）株式会社出品的蛋黄酱。

打开冰箱门，清爽明亮

东西塞得满满的，一开门，黑压压的一片。你家的冰箱是不是这样？不要把食材摞起来放置，要有不"塞"东西的意识。

碳酸水

印加美藤果油

腌制食品　味噌

香檬[①]果汁

100% 生牛乳发酵的高梨酸奶[②]

玄关

起居室与餐厅

料理台

餐具柜

冰箱

盥洗室

浴室

卫生间

衣柜

书房

卧室

收纳

收尾工作和垃圾处理

①　日本冲绳县产的一种柑橘类水果。在冲绳方言中被称为"シークヮーサー"。シー，音 shi，意为"酸"；クヮーサー，音 kuwasa，意为"让……吃"。

②　日本高梨（Takanashi）乳业株式会社生产的酸奶。

122

味噌放入冰箱保存

将别人送我的味噌和买来的现成冰块一起放入冰箱保存。我没有使用制冰机，因为它平时还需要保养。

产自秋田县的"天狗味噌"①。

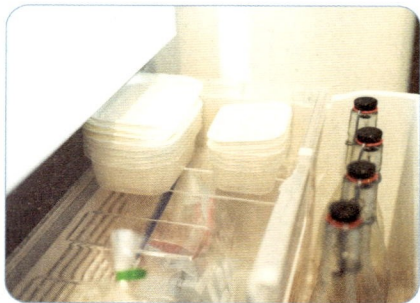

保鲜容器也放入冰箱

将保鲜容器放入冰箱储存的理由是控制物品总量以及抑制细菌繁殖。使用中的保鲜盒有5只，中号、小号的空保鲜盒各4只。

———————

① 传说，位于日本秋田县河边町的筑紫森林曾是天狗栖息的地方。因此，该地区以当地的米和大豆为原料，用传统方式天然酿造的味噌被称为"天狗味噌"。

玄关

起居室与餐厅

料理台

餐具柜

冰箱

盥洗室

浴室

卫生间

衣柜

书房

卧室

收纳

处理工作
和垃圾处理

不会让人晕头
转向的冰箱

发酵果汁

5_{min.}

将食材换装到"透明袋"里

冰箱收纳要以"易取好收"为原则。

毫无疑问，冰箱一定会自带鸡蛋盒等盒子一类的东西，这是"默认设置"。觉得好用就用，不好用就不用，做主的当然是自己。

那就让我们自己来"定制"冰箱的使用方式吧！

在我拜访过的人家里，经常能看到这样的反面例子——将食材装在超市的购物袋里直接放进冰箱保存，不管有5袋还是10袋。这样一来，我们就会分不清袋子里到底装的是什么，不久便把它们忘在脑后。

因此，要将买回来的食材换装进密封袋等"透明袋"中保存，易于分辨，而且密封袋还能延长保存时间。让冰箱保持一打开门，什么东西在哪里一目了然的状态。

另外，<mark>有好几层包装的食材和调味料，在不影响保存的前提下，我会将外层包装拆掉。</mark>这样一来，等用到时，打开冰箱门，可以"一步到位"地取用。一步到位，是断舍离式收纳的标准。

不仅是冰箱里的物品，餐具、厨具等在使用时也要"一步到位"。想让烹饪变成一件乐事，秘诀就是尽可能地省时省力。

<mark>我甚至连饮料和调味料的包装都会拆掉。因为包装的颜色五花八门，容易打乱空间的和谐统一。</mark>

大家也许会问："这样不就不知道里面装的是什么了吗？"我只要看瓶子就能分辨出来。因为我的东西并没有多到分不清什么是什么的地步。这一点也很重要。

卖力做宣传的强力夹

大号夹子最适合为吃了一半的东西做宣传，仿佛在告诉你"这个还没有吃完哦"。现在，冰箱侧门上的 8 只夹子正在待命。

玄关　起居室与餐厅　料理台　餐具柜　**冰箱**　盥洗室　浴室　卫生间　衣柜　书房　卧室　收纳　收尾工作和垃圾处理

5 min.

每 天 5 分 钟 断 舍 离

断舍离掉冰箱
最上层的物品

2020 年 4 月 8 日至 5 月 6 日，我在博客上写下了我的《排忧遣闷封闭日记》。

我刚搬进新公寓时，正好赶上政府发布新冠疫情紧急事态宣言，我便因此开始了居家生活的日子。公寓里有自带的大冰箱，管理冰箱里的库存，成了我每天的功课。

在此之前，附近的超市就是我的冰箱，加上我常常参加聚餐，冰箱里基本空空如也。可开始封闭式生活后，情况截然相反，厨房里的冰箱变成了我的专属超市。

我最不想做的事情就是饭做得太多，吃不完浪费。可一下子买了这么多东西，到最后吃不完怎么办？每一天，我都在摇摆不定中面对着冰箱，不过好歹倒也撑过了 28 天。

在此期间，我一次都没有出门购物，一门心思用储备的食材钻研创意料理，过着以食用发酵食品为主的健康生活。

中途，每当泡菜、纳豆、蔬菜等食物的库存不足时，都会有食材主动上门。这要感谢我的朋友，还要感谢互联网。

如今，我的饮食生活再次发生了变化，冰箱基本回归了清爽。

要不要让你家的冰箱也变得清爽利落起来？<mark>不用储备太多食品，吃完随时可以去买。</mark>

先清点一下冰箱最上层的物品吧！

圆滚滚的鸡蛋摆在盘子里

右侧冰箱门上的鸡蛋盒被我用作了调味料架。鸡蛋则装进了盘子里，不仅方便取用，看着也喜兴。

5 min.

摆放调味料时，要有 "间隔"意识

冰箱有没有变成"满员列车"？

食材、食品、调味料，塞得密不透风，已经搞不清楚都有哪些东西、每样东西有多少了。只能看见最外侧的物品，手根本伸不到里面去。想拿东西出来，就会引发"雪崩"……

这样一来，冰箱就丧失了它原有的提供美味食材的功能。

间隔，对任何事物而言都很重要。不能破坏空间的"间隔"。

没了"间隔"会怎样呢？会导致"离间"。"离间"意味着物品与物品之间的关系分崩离析。物品之间你推我搡，拥挤不堪，却又似一盘散沙。这与满员列车上虽挤满了人，彼此之间却没有关联是一个道理。

因此，收纳时，关键在于"自立、自由、自在"。冰箱里的食材能够"自立",才不会妨碍我们行动时的自由,最终变身为让人心生自在的美味佳肴。

　　就拿调味料来说,留出"间隔",让它们"自立",才能做到"易取好收",做饭时行云流水。

　　想让调味料"自立",就要断舍离。精简数量,用陈列的感觉摆摆看吧!

鸡蛋盒其实非常适合
用来陈列小瓶

食品保存也要赏心悦目

将不透明的袋子换成透明的袋子。把普通的包装换成可爱的小瓶。换装后,用起来方便,看起来美观。

玄关
起居室与餐厅
料理台
餐具柜
冰箱
盥洗室
浴室
卫生间
衣柜
书房
卧室
收纳
收尾工作和垃圾处理

5min.

(每 天 5 分 钟 断 舍 离)

把冰箱擦净擦亮

我参观过许多人的厨房，除了物品堆得满满当当之外，还有一点也很令我在意，那就是厨房里"脏兮兮的"。有多少东西，我们都在脏兮兮地使用啊。

料理台、水槽、煤气灶、家电、圆锅、平底锅、案板，以及冰箱。这些平日里各显神通的物品，身上却脏兮兮的，实在让人难过。

厨房这地方，哪怕只用一次，都会变脏。可里面若堆满物品，我们就注意不到、看不出来这些污渍。

因此，在将污渍断舍离掉之前，要将物品断舍离掉。物品数量越少，我们就越想好好打理厨房。

做家务，要坚持"随手做、顺手擦"。

从冰箱里取出物品，用完后放回去时，顺手擦一擦周围。

玄关

起居室与餐厅

料理台

餐具柜

冰箱

洗衣室

浴室

卫生间

衣柜

书房

卧室

收纳

收尾工作
和垃圾处理

顺手擦一擦拿在手里的调料瓶，顺手擦一擦刚刚关上的冰箱门。

食物吃进嘴里前的"通道"，要时刻保持干净卫生。

因此，通过"每天 5 分钟断舍离"，把冰箱擦亮吧。带着对它平日里帮我们守护食物的感谢。

若是还有精力，就来一场"冰箱内部闪闪发亮大作战"。把所有的架子都拆下来，用水清洗，"唰唰"地擦干净，晾干，最后再用毛巾擦得闪闪发亮。冰箱门密封条上的"沟壑"也别放过。

做到这一步，虽说要花些时间，但这不仅是很好的运动，还能让冰箱变得光洁如新。

不给冰箱"啪嗒啪嗒"地贴上磁贴

冰箱外面有没有成为"家庭告示栏"？冰箱上贴没贴磁贴，会给房间的整体印象带来改变。

5 min.

断舍离掉冰箱里 "被忘却的食物"

打开冰箱门，将过期食品一扫而光吧。

说起"冰箱断舍离"的经历，不禁让我想起了那年的冷冻西红柿。

我将夏天没吃完的西红柿用热水烫了，剥好皮后，冷冻保存，打算过一阵用它做意面酱。我的计划很完美，却一直等不到机会。半年过去了，西红柿表面结了满满一层霜。

特意用热水烫了，冷冻起来，结满霜后，又扔掉。

特意多花了时间、多下了功夫、多费了精力，又扔掉。

我们经常做这种事，尤其是对食物。因为当下就扔掉，实在不忍心。

没吃完剩下了，没用完多出来了。

关键在于，面对剩下了和多出来的事实，我们能不能坦然地接受，能接受到什么程度。

==不知不觉将剩余的食物装进保鲜盒，不知不觉将它们保存起来，不知不觉认为自己没有粗暴地对待食物，不知不觉求得了心安。==

然后，不知不觉间觉得自己是个贤惠的主妇。

然而，这只不过是一种精神安慰而已。因为那些食材到头来也没有得到利用，而是被忘在了脑后。再加上我那阵子几乎没有动手做饭，有些内疚，因此便做出贤惠主妇的样子来掩盖。

不过话虽如此，过分责备自己也无济于事。虽然仍有些不忍心，但我至少把冷冻保存的西红柿顺利地放进了垃圾袋，也算前进了一步。

玄关

起居室与餐厅

料理台

餐具柜

冰箱

盥洗室

浴室

卫生间

衣柜

书房

卧室

收纳

房屋工作和垃圾处理

5 min.

玄关

起居室与餐厅

料理台

餐具柜

冰箱

盥洗室

浴室

卫生间

衣柜

书房

卧室

收纳

收尾工作
和垃圾处理

6

每天 5 分钟

盥洗室的
断舍离

清晨站在闪闪发亮的镜子前梳洗打扮，为的是"成为今天想成为的自己"。

玄关

起居室与餐厅

料理台

餐具柜

冰箱

盥洗室

浴室

卫生间

衣柜

书房

卧室

收纳

收尾工作和垃圾处理

盥洗室的功能

盥洗室，是梳洗打扮的地方，是每天护理和保养自己的地方。

5_{min.}

（ 每 天 5 分 钟 断 舍 离 ）

将放在洗脸台上的物品
一扫而空

洗手，洗脸，刷牙，打扮，洗脸台是我们保养自己的重要场所。

然而，早上手忙脚乱，晚上精疲力竭，不知不觉间，洗面奶、护肤品、化妆品都横七竖八地堆在洗脸台上。光是捡拾掉落的头发，就耗尽了力气。

实际上，洗脸台上如此热闹的人，正是不久前的我自己。

由于一直想要断舍离却迟迟未能付诸实施，有段时间，每当想到杂乱无章的盥洗室，我都郁郁寡欢，心神不宁。

直到要给本书拍摄插图时，我才好不容易抽出时间开始断舍离。一边拍摄一边断舍离，一边断舍离一边拍摄，所幸总算收拾利落了。

把瓶子一只一只地拿在手上，用纸巾擦拭干净后放回柜子里。空闲空间也用纸巾彻彻底底地擦了个遍。

"这个还要用""这个扔掉吧""这个嘛"……

如果有两件相同的物品，那么留一件就够了。我还发现了一些收起来舍不得扔的东西。虽说扔掉别人送的礼物很难下得去手，但还是狠狠心吧。

就这样，经历了 30 分钟的斗争后，看着空间渐渐重现光彩，我的心情畅快无比。

断舍离，是一件需要专心致志开动脑筋的事情。身体也要动起来。忘我地动手清理一番后，肚子也饿了。

来吧，你也和我一起断舍离吧！

玄关 起居室与餐厅 料理台 餐具柜 冰箱 **盥洗室** 浴室 卫生间 衣柜 书房 卧室 收纳 安装工作将近尾声

洗脸台上的物品精简到最少，只有洗手液和牙具。

一瓶清洁剂，全部搞定

浴室、洗脸台、水槽全部适用的梅耶太太牌清洁剂。

每次用完后立即放回原处

忙乱的清晨，我们往往会把用完的瓶瓶罐罐搁置不管。回过神来才发现，洗脸台上已经"瓶罐林立"了。要有"用完立即归位"的意识。

"山"形牙刷头是去除污渍的一把好手

修剪成"山"形的牙刷头，用旧以后可以用来刷洗脸台。在清扫方面，它也能发挥出色的作用。

5 min.

（ 每 天 5 分 钟 断 舍 离 ）

刷亮洗脸台的镜子
和水龙头

把镜子和水龙头刷得闪闪发亮，该多么畅快啊！

筛选和取舍物品，是一项一旦开始就没有尽头的工作。同样，"扫、擦、刷"中的"刷"，也是一项没有尽头的工作。不过，看着空间一点一点地焕发光彩，心情舒畅，备受鼓舞，就会"刷"得更起劲了。

我原本不是喜欢打扫的人，开始断舍离以后，变得越来越喜欢。可以说，刷得越亮，爱得越深。我也越来越喜欢自己的家，忍不住要好好照料它。

这个道理不仅适用于物品和空间，也适用于自己。

好好保养自己，就会越来越喜欢自己。

另外，把物品刷得锃光瓦亮，这种行为本身就让人感到愉悦，是一种正念减压。也可以说是一种将注意力集中于"此时、此处、自己"的冥想。

你要不要也断舍离掉哪怕一件多余的物品，然后埋头"刷一刷"呢？

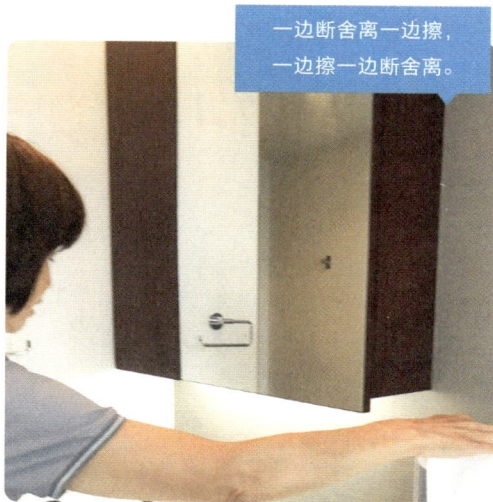

一边断舍离一边擦，
一边擦一边断舍离。

别忘了照顾收纳盒和收纳罐

装琐碎物品的盒子和罐子也会变脏。每次用完，"唰唰"几下，"顺手"擦干净。

快速去除玻璃上的污渍

镜子上的手印和水渍怎么也擦不掉。用"擦玻璃专用湿巾"擦拭，一下就干净了，晾干后也不会雾蒙蒙的。

玄关
起居室与餐厅
料理台
餐具柜
冰箱
盥洗室
浴室
卫生间
衣柜
书房
卧室
收纳
收尾工作和垃圾处理

洗脸台的收纳

物品摆放错落有致，一览无余

护发用品、护肤用品、化妆用具……用于梳妆打扮的物品，简直是琐碎物大集合。为了避免出现"哎，哪儿去了？"的情况，我巧妙地利用了透明收纳盒。当然，我不会把盒子塞得满满当当的，"错落有致"才是重点。

触不可及的最上层 ▶

很少出场的物品在盒子里沉睡。它们是下一次断舍离的候选品。

有了旅行收纳袋，随时都能出发

东奔西走的生活，最重要的就是轻装上阵。旅行收纳袋不需要有两个，我便断舍离了一个。

像野餐时那样把物品平铺开

铺上餐垫，把小物件分散摆放。平铺开来，一目了然，取用方便！

舒舒服服等待登场的吹风机

一只戴森①吹风机正像国王一样等待着登场。化妆品、护肤品的备用品在内侧整齐列队。

把库存从袋子里拿出来

把厕纸从包装袋中拿出来后再收纳。"刚开始的一点小辛苦"，会让后面的工作更为顺畅。

◀ 最下层是清洁用品的库存

各类纸巾、漂白剂等清洁用品的库存。用完后还需要清洗的刷子、海绵擦之类的物品，我一概没有。

① 英国知名家电设计制造公司。

拆掉花里胡哨的包装！

所有物品的包装混杂在一起，
简直跟药妆店的货架似的。先
把包装拆掉！行动起来吧！

努力打造一个打开和关
上柜门都让人觉得清爽
舒畅的空间吧。

名装
起居室与餐厅
料理台
餐具柜
冰箱
盥洗室
浴室
卫生间
衣柜
书房
卧室
收纳
收纳工作
和垃圾处理

5min.

擦掉洗脸台上的
水滴

我希望水槽附近可以一直保持干净整洁。

水槽，是我们平时生活中排水的地方，是负责排放的地方。生存于世，"舍"和"出"不可或缺。

我们的生活空间也一样，是"出与入"的循环。

我们的身体也一样，是"出与入"的循环。

我们的心灵也一样，是"出与入"的循环。

因此，水槽的排水口一旦堵塞，会非常棘手。若变得滑腻腻的，也会影响水流的通畅程度，导致污垢越积越多。

想要避免排水口堵塞，不让它变得滑腻腻的，关键在于平日里随手清理。

可是，每次用完洗脸台后，掉落的大把头发都会让我们心烦不已。

　掉在地板上的头发，我会使用在一旁待命的小型吸尘器随时清理。掉在洗脸台上的头发则用纸巾捡干净。

　然而，盥洗室里洗脸台清扫的收尾工作到这里还没有结束。最后的最后，连水滴都擦干净，才算大功告成。让我们每一天都去体会这种"完美收官"的美好心情吧！

擦拭时，没有七零八碎的东西"挡路"。

"完美清扫完毕"的洗脸台

有水流过的地方，往往会变得滑腻腻的。只要不辞辛苦地将水滴擦拭干净，就会告别"滑腻"。

将一切"漂亮收尾"，每天乐陶陶

近在手边的最上层抽屉里，常备着使用频率很高的纸巾和剪刀，旁边是垃圾桶。我们在保养自己的同时，也要有意识地去照管空间。

琉球玻璃杯

梦幻般流光溢彩的琉球玻璃杯

用琉球玻璃杯把七零八碎的化妆用具集中起来。玻璃杯太漂亮了，让我不禁生出"一定要把它照顾好"的想法。

11 条擦脸毛巾

下层抽屉里放着 11 条材质、尺寸都相同的擦脸毛巾。每一条都符合"善待自己"的标准。

不着痕迹地统一高度

摆放瓶瓶罐罐和排列琐碎小物时，我都会将高度一致的东西摆在一起，营造出空间的统一感。

恋卡露华[①]的护肤套装。

把垃圾桶收进抽屉

我将小花盆的外壳当作垃圾桶。山下英子式做法，是把垃圾桶收进抽屉。

① Lekarka，恋卡露华株式会社旗下护肤品牌，成立于 2020 年，总部位于日本。

玄关

起居室与餐厅

料理台

餐具柜

冰箱

盥洗室

浴室

卫生间

衣柜

书房

卧室

收纳

收纳工作和垃圾处理

5 min.

（ 每 天 5 分 钟 断 舍 离 ）

将试用装集中起来扔掉

　　打开盥洗室的抽屉，一些说不清什么时候拿回来的试用装总会源源不断地冒出来，大概是买化妆品时赠送的吧，莫名其妙就闯了进来。

　　回顾一下"断舍离的基本原则"，就会知道，断舍离的"断"，指的是"断"绝不请自来的物品。虽说物品不会随随便便地自己走到家里来，但最近我在网上购物时发现，有些商家会自动附赠小样，很难说"断"就"断"。

　　既然如此，就"舍"吧。如果不舍弃，而是"先留着"，抽屉就会被这些放着不用的物品塞满。

　　<mark>"总之先留着吧"的想法，意味着意图、意志并没有发挥作用，意味着思维、感觉、感受会变得迟钝。</mark>

　　如果总是抱着这种"总之先……"的想法，那么这种想

法就会让你对周围的物、事、人（人际关系）妥协，也就是说，等待你的会是一场充满妥协的人生。

有点危言耸听了吗？不，并没有。

断舍离是一种训练，通过整理日常生活中的琐碎小物，来锻炼思维、感觉、感受。

如此一来，面对重要的物、事、人时，便可以做出正确的选择和决断。

这与断舍离可是息息相关的。

进行断舍离中"断"的训练时，试用装可以助你一臂之力。

5min.

给皱巴巴的浴巾
更新换代

触感是毛巾的生命。毛巾是我们每天都要用到的东西，希望大家可以精挑细选，购买松软舒适的上等货色。

许多人会把"日常用"的毛巾和"待客用"的毛巾区分开。就算日常用的毛巾已经变得硬邦邦的，边缘破破烂烂的，也仍把"待客用"的毛巾收起来。

像款待客人似的款待自己吧！把"好东西"给自己用。否则，就会形成"自己低客人一等"的自我印象。

我基本不用浴巾。因为我一向没有使用浴巾的习惯。

现在也一样，去泡温泉时，我都是用一条毛巾清洗身体，拧干后再用来擦身。我一直这样做。

泡完澡后，准备两条毛巾，一条用来擦身体，另一条用来包头发。

盥洗室的抽屉里，有 11 条相同的毛巾。它们并不是随便拿回来的赠品，都是我亲手挑选、购买的。

虽说毛巾的最佳更换周期是半年一次，但现在我会将这些毛巾轮换使用大约 1 年。年底时，一口气更新换代。

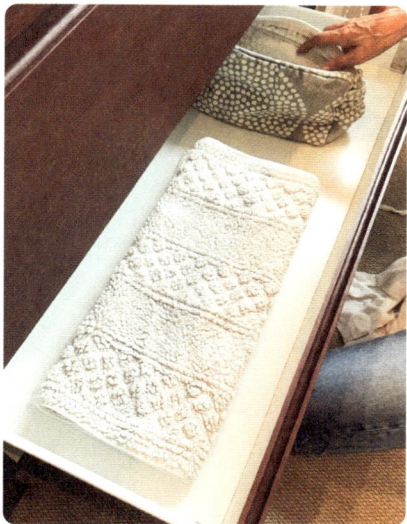

两条地巾，轮番登场

在我完成地垫类物品的断舍离后，地巾仍然健在。一条铺在地上，另一条收在洗脸台下方的抽屉里。

玄关

起居室与餐厅

料理台

餐具柜

冰箱

盥洗室

浴室

卫生间

衣柜

书房

卧室

收纳

收尾工作和垃圾处理

5min.

（ 每 天 5 分 钟 断 舍 离 ）

给皱巴巴的擦脸毛巾
更新换代

很多人的家里，颜色五花八门、质地多种多样的毛巾堆积如山。

毛巾，每天要用好几条，所以大家便觉得"多一些也没关系"，结果毛巾数量越来越多。而且有时候，塞在橱柜里的别人送的礼品毛巾，还原封不动地躺在盒子里。

觉得"数量多些也没关系"的人，其实是觉得"数量少了就不踏实"，因此持有量便超过了使用量。

数量少了真的会不踏实吗？家里几口人？访客多不多？以前有过因为毛巾不够用而发愁的时候吗？

常言虽道"有备无患"，实际却会"过犹不及"。只要养成每天清洗的习惯，就不需要那么多条毛巾。

另外，一些人的家里，攒了好多别人回礼时送的毛巾，以及泡温泉时赠送的毛巾。对于自己不太喜欢但又舍不得扔掉的毛巾，可以赋予它们清洁的使命。剪开当作抹布，把整间屋子擦得闪闪发亮后，对它说句"辛苦了，你的使命完成了"。

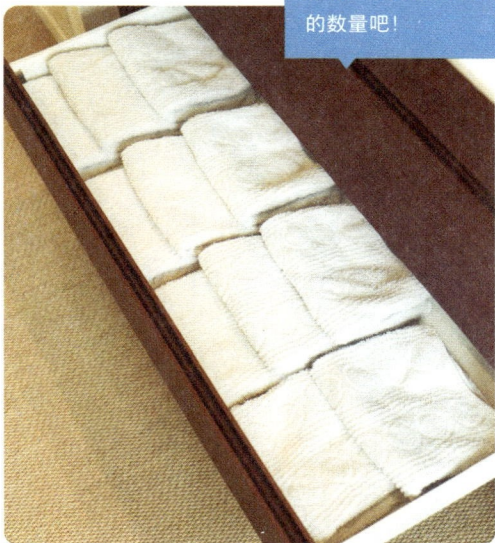

清点一下浴巾和毛巾的数量吧！

盥洗室

数量太多也很棘手

收纳空间是有限的。毛巾的数量要基于家庭成员有几位和每天使用多少条。

5min.

玄关

起居室与餐厅

料理台

餐具柜

冰箱

盥洗室

浴室

卫生间

衣柜

书房

卧室

收纳

收尾工作和垃圾处理

7

每天 5 分钟

浴室的断舍离

玄关

起居室与餐厅

料理台

餐具柜

冰箱

盥洗室

浴室

卫生间

衣柜

书房

卧室

收纳

收纳工作　环境
顺序　防处理

浴室的功能

浴室是让人得到治愈的地方，是让污浊无法近身的地方，是净化自我的出口。

"今天一天也辛苦了。"在干净明亮的浴室里，享受最高级的放松时光。

5min.

我们是
"钱汤①二人组"

(每 天 5 分 钟 断 舍 离)

擦掉洗发水瓶上的滑腻物

含有死海矿物质的以色列 Sabon②洗护系列

浴室里成排的洗发水、沐浴露的瓶子，有没有变得滑腻腻的？沐浴凳和洗脸盆，是不是变得滑溜溜的？

浴室里湿气大，香皂屑和水垢容易沉积，而且浴室里的东西越多，打扫起来就越困难。要是还竖着一块平时根本没用过的浴缸盖板，就更费事了。若连清扫浴室的工具也来抢占地盘，那还要再花费心力来保持它们的清洁。

因此，我采取的沐浴方式是"钱汤式沐浴"。

也就是说，泡澡时，只将必需的物品带进浴室。除了一块我很喜爱的竹炭皂之外，浴室里别无他物。

---

① 钱汤，指日本的公共浴池。
② Sabon 为以色列身体护理品牌。

我的"钱汤套装"里，只有洗发水和沐浴露。其实，我属于泡完澡后不打香皂的"免洗沐浴派"。因此，我甚至连体形小巧的"钱汤套装"都不需要。

我不把瓶瓶罐罐放在浴室的另一个原因，就是有利于保存。因为洗发水和沐浴露都是由天然材料制成的，不含防腐剂，容易变质。

请你也用属于自己的方式，享受沐浴时光吧。

将浴盐放入泡澡水中，里面的镁元素被皮肤吸收，全身都暖融融的。

唯一放在浴室里的物品——竹炭皂

空荡荡的浴室里，只有一块我很喜欢的竹炭皂，我将它放在了古伊万里小瓷碟上。

玄关

起居室与餐厅

料理台

餐具柜

冰箱

盥洗室

浴室

卫生间

衣柜

书房

卧室

收纳

收尾工作和垃圾处理

5min.

别看我长这样，
其实我是一个门挡

每天5分钟断舍离

擦亮浴室的镜子和门

空荡荡的浴室，打理起来也轻而易举。

泡完澡后，我会迅速冲洗一下身体，将身上残余的香皂泡沫冲洗干净。

放掉浴缸里的水，捡干净掉落的头发后，打开排水口的盖子，浴室会干得更快。我之所以建议大家这样做，也是因为看不见的地方很容易忘记清理。

用结实的"懒人抹布"将排水口周围擦干净。如果有碍眼的污渍，就用厨房里的旧海绵擦"唰唰唰"地擦一擦。

敞开浴室的门，尽快晾干浴室里的水汽，这一点很重要。因为只需要一瞬间，浴室就会变成滑腻腻的霉菌的温床。

我家常把洗好的衣物晾在浴室里。在晾干浴室的同时晾干衣物，也算一举两得。

不过，浴室里的镜子是个难对付的对手。就算不厌其烦地擦拭，一旦晾干，水渍也仍旧会清清楚楚地留在上面。慢慢地，灰蒙蒙的镜子便成了自己的一块心病。

这个时候，可以求助专业人士。

没错，在"扫、擦、刷"当中，"刷"这一级别的工作，我会想要更多地借助专业人士的力量。他们拥有最先进的技术和药剂，经他们之手打理过后，"洁净期"的持久程度也与自己打理的结果不可同日而语。

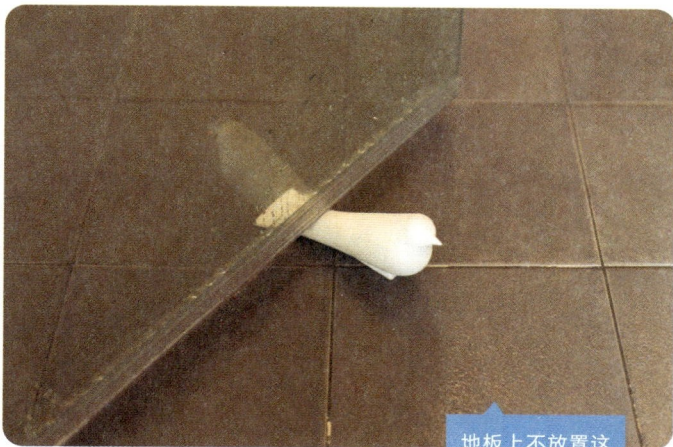

地板上不放置这样那样的物品。

没有沐浴凳和洗脸盆

浴室里的物品越多，要清扫的"面"就越多，花费的时间和精力也就越多。

为了告别"滑腻腻"，调动全身
"擦一擦"，还能运动

　　你知道吗，打扫浴室其实是一种效果极佳的锻炼方式。只要我们稍有懈怠，浴室里就会滋生出滑腻腻的东西。"不滑腻，不让它变滑腻，想滑腻也没门儿"，是我所提倡的"防滑腻三原则"。每天我都会按以下方式打扫浴室。

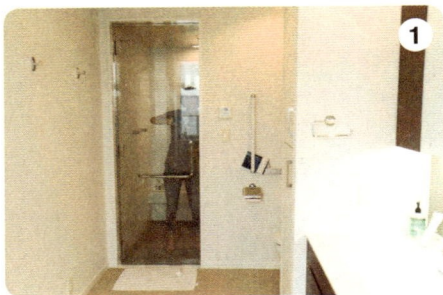

整体擦拭

首先，给浴室洗个全身淋浴，残留的香皂屑是污垢和滑腻物的源头。

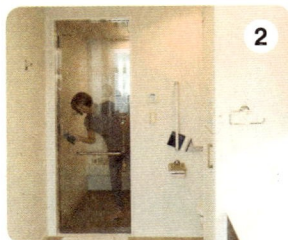

仔细擦拭

玻璃门上的水渍很显眼，这时，厨房里的旧海绵擦便派上了用场。

抬起手来擦拭高处

污垢会顺着水流流向低处，因此高处会相对干净。重点擦擦自己觉得碍眼的地方。

4

再次擦拭边边角角

墙角和瓷砖缝隙里的污垢很难
清理，可以把牙刷利用起来。

5

俯下身子擦拭低处

从地板到排水口，专心致志地
做好清洁，防止滑腻。

啪嗒！

完成！

用毛巾擦干水，打开
浴室干燥机的开关。

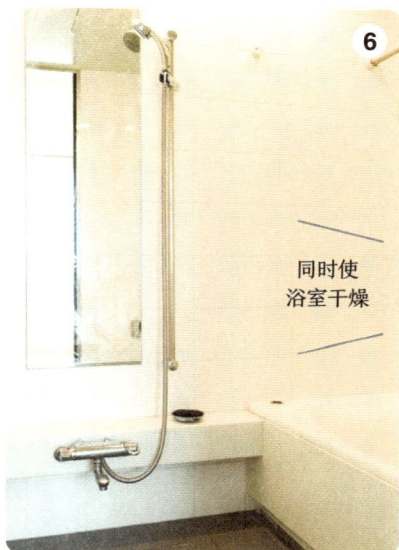

6

同时使
浴室干燥

玄关

起居室与餐厅

料理台

餐具柜

冰箱

盥洗室

浴室

卫生间

衣柜

书房

卧室

收纳

收尾工作
和垃圾处理

8

5 min.

玄关

起居室与餐厅

料理台

餐具柜

冰箱

厨洗室

浴室

卫生间

衣柜

书房

卧室

收纳

收尾工作和垃圾处理

每天 5 分钟

卫生间的断舍离

卫生间同时也是治愈自己、款待
自己的地方，可爱俏皮的摆件和
清新宜人的香气必不可少。

卫生间的
功能

卫生间是用于排泄的地方。
是精致的出口，让新陈代谢更
为顺畅。

玄关

起居室与餐厅

料理台

餐具柜

冰箱

盥洗室

浴室

卫生间

衣柜

书房

卧室

收纳

收尾工作
和垃圾处理

5 min.

(每 天 5 分 钟 断 舍 离)

断舍离掉卫生间专用拖鞋
和专用地垫

　　和不在玄关摆放拖鞋一样，我家的卫生间里也没有专用的拖鞋。

　　我一直想要解开房间是洁净之所、卫生间是不洁之地的心理枷锁。就好像卫生间外有一道看不见的屏障似的。

　　如果卫生间能时常保持清洁，那么光脚进入也无所谓，反倒是卫生间专用拖鞋到底卫不卫生更值得怀疑。我深深地觉得，虽然日本厕具的发展日新月异，但人们对于排泄和卫生间的认识远不够先进。

　　说起来，我曾去过美国西雅图的超市，那里的卫生间已经完全废除了男女之别。或许是考虑到性别认同障碍人群，就连我们熟知的卫生间标识图案，都是男女各半个身子。

　　使用这种卫生间，我也需要做好心理准备，毕竟那种冲击，不亚于懵懵懂懂地走进浴池，发现竟是男女混浴。或许是因为我离卸下心理枷锁还差得很远。

　　<mark>话说回来，铺在卫生间地板上的地垫、套在坐便器上的坐便垫，都可以说是影响卫生间卫生程度的存在。</mark>这些东西一经使用便免不了会变脏，成为沉积污垢、滋生霉菌的温床。不仅如此，清理起来还很费事。

　　过去一到了冬天，西式卫生间①里的坐便器坐上去一定是冷冰冰的。如今有了使用最新技术的温水洗净式坐便器，倘若用习惯了一直用下去，那坐便垫也可以"毕业"了。

如果地板能时常保持洁净，不准备拖鞋反倒更自然。

卫生间专用拖鞋，究竟卫生不卫生？

无论卫生间专用拖鞋还是卫生间专用地垫，都是变脏容易清洗难的东西。把清洗它们所要花费的时间、精力和清洁地板所要花费的时间、精力放到天平上衡量一下，就知道孰难孰易了。

---

　　① 西式卫生间是相对于日式卫生间而言的。一般情况下，西式卫生间使用坐便，日式卫生间使用蹲便。

5 min.

擦完手的纸巾"咻"
地扔进这里

(每 天 5 分 钟 断 舍 离)

擦拭卫生间的地板
和坐便器

有时候，在卫生间本就有限的空间里，清洁剂和刷子还
要来抢占地盘。

我没有使用卫生间专用刷，因为它的存在感过强，而且
很难保持干净卫生。

同样，正如上一节所说，我没有在卫生间铺地垫，也没
有套坐便垫，擦手巾也用一次性纸巾来代替。用完后，将纸
巾"咻"地扔进洗脸池旁一个看不出是垃圾桶的可爱纸袋里。
卫生间里不宜出现布制品。

卫生间的清扫全部用湿纸巾完成。擦完镜子和洗脸池周
围后擦擦马桶，然后是地板。亲自动手擦拭，能够注意到细节，
连边边角角都能擦得亮闪闪的。彻底清洁时，可以使用厨房
的旧海绵擦。

一周给坐便器做一次特殊护理。我用的是可以"咚"一下直接投进水箱的洁厕宝。

风水学上总是把打扫卫生间和提升财运联系在一起，实际究竟有没有效果虽不得而知，然而，将卫生间收拾得整洁美观，就是在让"排泄＝出"这件事变得精致讲究。从这个意义上来说，二者貌似是有相通之处的。因为大多数有钱人，花钱（把钱花"出"去）的方式都是精致讲究的。

清洁用具仅此一件

清扫卫生间的主角——湿纸巾。收进篮子里刚刚好，看不出是清洁用具。

3卷卫生纸

从网上购买的卫生纸。拆掉包装，3卷摞放。剩余的储备品则存放在玄关旁的收纳柜里。

玄关

起居室与餐厅

料理台

餐具柜

冰箱

壁橱室

浴室

卫生间

衣柜

书房

卧室

收纳

返屋工作和比较处读

5 min.

每 天 5 分 钟 断 舍 离

让卫生间里幽香阵阵

断舍离，是用空间款待自己，让自己心情愉悦。

自己享受到了空间的款待，自然会怡然自得。

因此，我虽嘴上说着是为了待客，却也一直在给自己最上等的款待。

你呢？

卫生间也是待人待己的重要空间之一。

因为"出"处实在重要，"出"是最为要紧的事情。

<mark>为了款待自己和客人，把卫生间擦得闪闪发亮之余，再添上一阵清香。</mark>

我喜爱薄荷的香气。

将用北海道北见的天然薄荷提炼而成的精油喷雾，"咻咻"地直接喷在存放在洗脸台下方的卫生纸上，让客人们被不知从何处飘来的阵阵清香包围。

我还想向大家推荐"绳文香"，它由产自石川县能登半岛的罗汉柏提炼而成，类似于柏木的香气。从绳文时代起，我们便开始与病毒打交道。"绳文香"并不能将病毒彻底消灭，而是恰到好处地和它过过招，其喷雾能起到除菌消毒的作用。

除菌消毒的待客之道

石川县能登设计室出品的"绳文香"。喷雾式设计，客人用完卫生间后，可以按自己的喜好喷洒。

装饰着别具一格的摆件

在秘鲁昌昌古城遗址①购买的出土物复制品，用让人忍俊不禁的姿态迎接着客人。

在卫生间挂上装饰画

购于加拿大蒙特利尔的挂画，一套两幅，这是其中一幅。挂在这里，怡情悦性。

宜人的薄荷香气

我每次去北海道都会购入的北见名产——"天然薄荷精油"。这种味道很受欢迎，即便第一次闻到也会觉得香气宜人。

玄关

起居室与餐厅

料理台

餐具柜

冰箱

烹饪工具

客厅

卫生间

衣柜

书房

卧室

收纳

收纳工作和收纳效果

---

① 昌昌古城是南美洲古印第安文明中奇穆帝国的都城，其遗址位于今秘鲁的特鲁希略城附近。

9

玄关

起居室与餐厅

料理台

餐具柜

冰箱

盥洗室

浴室

卫生间

衣柜

书房

卧室

收纳

收尾工作和垃圾处理

每天 5 分钟

衣柜的断舍离

玄关

起居室与餐厅

料理台

餐具柜

冰箱

盥洗室

浴室

卫生间

衣柜

书房

卧室

收纳

收废工作和垃圾场处理

衣柜的功能

衣柜是装扮自我的空间，我们进而才能肯定自我，展示自我。

你是如何定义"理想中的自己"的？

5 min.

（ 每 天 5 分 钟 断 舍 离 ）

选出 5 件 "现在想穿的衣服"

衣柜就是我的精品店。清晨打开衣柜，我并不是以 "今天要穿什么出门呢" 的心情，而是以 "看看我要买哪件呢" 的心情来挑选衣物的。

换句话说，里面的衣服如果不能让我产生立即付钱买下来的想法，那就意味着，我不需要它。

然而，大多数人的衣柜不是精品店，而是沦为了仓库。杂乱无章，乱七八糟，让人甚至想不起来自己都有些什么衣服。

然后，因为 "衣服很多，却没有一件想穿" 而一筹莫展。

当你面对着满满当当的衣柜，为不知该用什么标准进行断舍离而苦恼时，不要因为衣服 "还能不能穿" 而踌躇。原因是，这样一来，你往往会因为 "还能穿" 选择留下它。

断舍离的主语归根结底还是自己。要以"我想不想穿"为判断标准。

可是，如果数量过多，让你感到自己的思维、感觉、感受已经退化了，那么，要不要试试以下思路？

首先，在脑海里勾勒出"理想中的自己"的样子。然后以此为蓝本，把自己当成服装设计师，给自己提建议，比如"这件衣服才适合如此优秀的你嘛""这件不合适"。

怎么样？脑海里是不是已经有画面了？

把喜欢的衣服作为便装和职业装

在线上进行的工作变多了以后，我的衣柜里，便装和职业装渐渐没有了分别。

玄关　起居室与餐厅　料理台　餐具柜　冰箱　盥洗室　浴室　卫生间　**衣柜**　书房　卧室　收纳　收尾工作和垃圾处理

5min.

（ 每 天 5 分 钟 断 舍 离 ）

空衣架与空衣架之间
留出间隔

衣柜之所以密不透风，无非是因为衣物的总量超过了空间的承受能力。那么，多少才算"适量"呢？

我会用衣架来控制衣物的总量。

想要让衣柜挂进新衣服，一定要先扔掉旧衣服。

断舍离的原则是"舍"字当先。

"一进一出"未免天真，"一出一进"才是铁律。

对空间进行总量限制。对时间进行总量限制。

能够将"总量""适量"以肉眼可见的形式展示给我们的，便是衣架。我们的目标是恰到好处地留出"间隔"，让衣服舒舒服服地待在衣柜里。

清晨，从衣柜里取出衣服后，将空衣架归拢到一处，这样一来，衣柜里剩余的空间还能挂几件衣服便一清二楚。衣架常会被埋没于衣服与衣服之间，把它们解救出来吧。

还有，对于衣架本身，我也要选择样式精致漂亮的。衣架并不仅仅是数量够用就行，如果颜色五花八门，形状各式各样，没有整齐划一的感觉，衣柜也不可能整洁美观。

以前，我都是统一使用洗衣店里的黑色衣架，最近，终于与让我怦然心动的衣架相遇了。

玫瑰金颜色的衣架，让人眼前一亮

我很重视衣架的整齐划一。我常用的衣架有两种，一种用来挂衬衫，一种用来挂短裙。

给空衣架挪挪地方，像图中那样归拢到一起。

玄关

起居室与餐厅

料理台

餐具柜

冰箱

盥洗室

浴室

卫生间

衣柜

书房

卧室

收纳

收尾工作和持续保持

将衣柜中衣物的数量控制在能记住哪件衣服在哪里的程度

这是位于卧室的步入式衣柜，里面收纳便装、职业装、套装、包包，以及配饰。另一个衣柜在书房，里面是外套和裙子。我的理想是将衣柜打造成一站到它面前便满心欢喜的空间。

下方是矮柜

别人送的钱包

明艳的大号钱包。仿佛只要把它们放在抽屉里，就能招来财运。

抽屉里有四季

这里放着的是刺绣和配色都别具一格的粗棉布。摆放时不超过两块。

一见倾心的包袱皮

这是我在机场和旅行目的地遇到的包袱皮。美丽的花纹让我惊叹不已，我便情不自禁地买了下来。

短裙、裤子在最里侧

挂衣杆左侧是短裙和裤子。留出间隔，我便"不会迷路"。

不在高处放置物品

挂衣杆上方的架子上尽量不放置物品。我只简单地放了一顶草帽。

长款衣服的地盘

挂衣杆的右侧，是连衣裙和长款衬衣的常驻地。我一直在利用衣架控制衣物总量。

衣柜俯视图

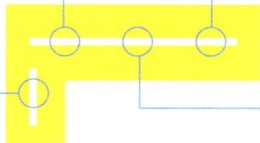

挂衣杆上方

挂衣杆下方

白衬衫的专用席位

一穿上身，就让人马上挺直脊背的白衬衫。我干脆将它们归拢在一起。

把包包挂起来

将包包完全清空后挂起来，可以防止变形。

正中间是衬衫的地盘

短袖和长袖衬衫都在这里。鲜艳的颜色和花纹代表着我"现在的心情"。

玄关
起居室与餐厅
料理台
餐具柜
冰箱
盥洗室
浴室
卫生间
衣柜
书房
卧室
收纳
收尾工作和垃圾处理

5 min.

挑选出没有出场机会的
套装、裙子和外套

一些套装和裙子，是为了特殊的日子，比如出席典礼或派对等场合购买的。

虽然好久没穿了，但既然花了钱，扔掉总是不忍心的，于是便一直挂在衣柜里——你家有没有这样的衣服？

即便是所谓的"经典款"，在设计上也仍能体现出年代感。即便当初买下时兴高采烈，如今也已经时过境迁。

衣服也是有"花期"的。如果感到"花期"的能量带给自己的新鲜感已经消失，不妨坦诚地面对这种感受。

现在，我书房的衣柜里挂着两件旗袍和一件黑色晚礼服，我在"断舍离大会"时穿过，从那以后就一直收在这里，目前也没有穿上身的计划。

但我没有放手。时不时地看它们两眼，我便心花怒放。一想到自己拥有它们，我便雀跃不已。这便是我与它们的相处模式。面对它们时，我的心情并不是"虽然穿不着了，但是扔了怪可惜的"，而是"我会穿的！早晚会穿！一定会穿！"。

除此之外，外套也是一种特殊的存在。它可以把身材和穿在里面的衣服遮得严严实实，并且呈现出很好的视觉效果。当然，还能起到出色的防寒作用。

外套相对于其他衣物来说使用周期更长，可以陪伴我们很多年。季节更替时，我便把它们拿去洗衣店，并且直到下个轮到它们出场的季节为止，都放在洗衣店保管。

宽松式收纳，会让人更加珍惜每一件衣服。

衣柜里的白衬衫

随着在 Zoom①上举行的活动越来越多，套装和裙子很少有出场的机会。不过，它们依旧充满活力。

———————
① 一款多人手机云视频会议软件，为用户提供兼备高清视频会议与移动网络会议功能的免费云视频通话服务。

玄关

起居室与餐厅

料理台

餐具柜

冰箱

厨杂室

浴室

卫生间

衣柜

书房

卧室

收纳

5 min.

挑选出 "希望您能收下" 的衣物

衣服留在我衣柜里的时间，基本只有 1 个季度。季节更替时，衣服也会更新换代。但与此同时，我所拥有的衣服，数量并不算多。

对衣服精挑细选、严控数量如我，有时也会产生 "咦？我有这么件衣服吗？" 的疑问，如此想来，衣柜这东西还真是可怕。

衣柜塞得满满当当的人，到底得有多少件已经被遗忘的衣服啊？空间被这些不穿的衣服占据得严严实实的。

换季时，我会尽快把那些该 "毕业" 的衣服 "嫁" 出去。趁着它们还能穿，趁着对方乐于接受，送出去。

不是以 "给你吧"，而是以 "请收下" 的心情。

如今，从线下到线上，处理衣服的方式多种多样，比如送去二手店，挂到 Mercari[1] 上出售，拿去拍卖[2]，或者捐赠给当地的团体或学校。

不过，有一种情况需要大家注意，那便是嘴上说着"过阵子就拿过去""过阵子就送出去"，把好不容易决定断舍离的衣物打包好后，却一直放在家里。到头来，又念叨着"也许还穿得着"之类的话，急忙从袋子里拿出来。

为了避免出现这种情况，狠狠心把衣服剪上几剪子，也不失为一个让自己下决心放手的办法。

绚丽多彩的衬衫，深得我心

穿想穿的衣服——打扮自己这件事一年比一年让人开心。

---

① 日本二手交易平台。拥有针对智能手机的 C2C（个人与个人之间的电子商务）二手交易 APP。

② 有时会以"网上拍卖"的形式举行。卖家在网站上挂出出售的商品，由各位买家开出价格，直至成交。出售的商品并非传统意义上的古董字画等，而是以日常用品为主。

5min.

断舍离掉"破破烂烂的内衣"

假设你穿着漂亮的裙子，带着无可挑剔的妆容，出席隆重的场合。人人得见的外表无懈可击，无人得见的内衣却破破烂烂，这时，你会怎么想？

反正别人也不知道，所以满不在乎，不以为意？

但自己是心知肚明的。内衣是什么状态，家里就是什么状态。

家里如果打理得不够漂亮，就好比外表虽然光鲜亮丽，内里却穿着破破烂烂的内衣。

下面，我就把断舍离践行者们的"内衣心得"悄悄告诉你吧。

首先，把内衣全都换成新的，而且要大胆选择颜色鲜艳的。

内裤、胸罩和背心要选成套的。拥有整套的内衣，会让人越来越有精气神。在让妆容变得更精致、衣着变得更时尚之前，请务必先准备好内衣。

另外，在内衣的投资上不能小气。现有的破破烂烂的内衣当然要直接断舍离。用惯了的旧东西，不能一直留恋不放手。

并不是只要洗干净就可以了。

你觉得呢？内衣是最贴身的衣物，是好好给你提"气"，让你安心的存在。

如果配不上"理想中的自己"，就说再见。

装进纸袋后，扔进垃圾袋。

破破烂烂

正因为无人得见，才更要品质上乘

你的内衣有没有磨损和破洞？在看不见的地方也要讲究，才是断舍离式作风。

玄关
起居室与餐厅
料理台
餐具柜
冰箱
盥洗室
浴室
卫生间
衣柜
书房
卧室
收纳
收尾工作
把垃圾处理

5min.

挑选3只"想要和它一起走在街上"的包包

包包和外套，都象征着"向往"。我也是无比狂热的包包爱好者，每次去旅行，见到心仪的包包，都会忍不住买下来。

我上一次购物购得很开心，还是在去年大分县的物产展上。我买下了一只用漆纸制成的包包。它的个头很大，外层包裹着具有复古质感的绸缎，威风凛凛，引人注目，拿在手里，羡煞旁人，宛如艺术品。

包包也是"占有欲"的象征。把各种各样的东西装进包里随身携带，无论是包包，还是包包里的东西，都据为己有。我深深地觉得，比起爱，这更像是占有。

可令人痛心的是，即便是上等的奢侈品包包，也被随随便便地塞进了衣柜深处。摆在店里时，神气十足、光彩照人、

玄关

起居室与餐厅

料理台

餐具柜

冰箱

盥洗室

浴室

卫生间

衣柜

书房

卧室

收纳

收尾工作和垃圾处理

闪耀夺目的包包，如今却置身于塞满物品的衣柜，虽仍旧崭新，却处境凄惨。这样的场景，我见过不计其数。

物量和空间的失衡。

物品质量和空间品质的错位。

物品丰盛，空间逼仄。

正因为是向往、爱与占有的象征，我才更希望我们珍爱的包包能重现光彩。

把心爱的包包放在椅子上，当艺术品一样欣赏。

把桌上七零八碎的小物件装进里面

在大分县的物产展上一见倾心的复古绸缎包包。我发挥它容量大的优势，把它用作了容器，将桌面上的日用品都暂时放进这里"避难"。

5 min.

把包包里的东西
全部拿出来

几年前，我曾在一本杂志中回答过该如何处理"包包里的东西"的问题。

关于包包，那位读者的烦恼是，包包被装在里面的东西撑得鼓鼓囊囊的，总是很沉。

这份沉重，仅仅是物品的重量吗？

问问自己下面这个问题，应该很有趣。

一个 3 公斤重的刚出生的婴儿，和一块 3 公斤重的混凝土块，哪个更重？

从数字来看，二者的确一样重，但其中区别，想必任何人都感受得到。

刚出生的小生命——过分轻盈的身体，甚至让我们小心翼翼，胆战心惊。

混凝土块——如果找不到拿着它的意义，那它该是多么沉重的负担啊。

包包也是如此。我们觉得不带这个会担心，没有那个会不安，于是包包被塞进去的物品占据，变得越来越重。

如果可以，尽量只带能带给我们安心和希望的东西。如此一来，包包不就轻巧多了吗？

我的习惯是，到家后把包包里的东西全部拿出来。拿出来后进行俯瞰，对自己携带的物品做一次盘点。然后，对空空如也的包包说一句"今天一天辛苦你啦"，让它休息休息，补充新的"元气"。

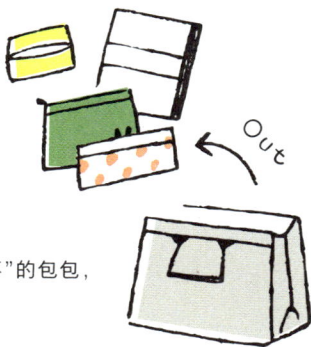

Out

将包包清空

清空满载着"一天的故事"的包包，
让它轻松轻松。

让"心仪的包袱皮"
成为旅行挚友

日本自古就有"包裹文化"。包袱皮的魅力在于形状变化自如，容量也灵活自由。可以包好后拿在手里，也能叠好后装入箱内。

①包起衣服

可大可小，是包袱皮拥有的魔法。包好后，将四个角拢到一起系紧。

②整理形状

虽说行李箱能容纳任何形状的包裹，不过，漂漂亮亮地放进去才是重点。

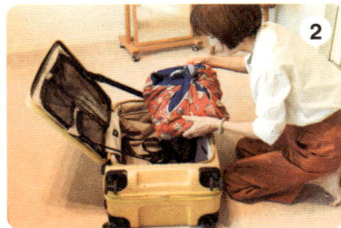

③严丝合缝

整整齐齐地收进箱子里啦！再稍微把布面整理整理。

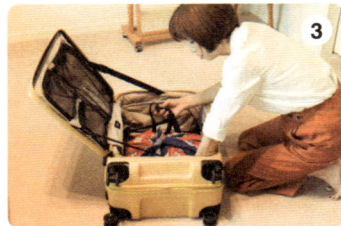

④拉好拉链

行李箱的优点是用拉链开合，空间充裕。

⑤大功告成

如风一般来去的生活，随身携带的物品要精简到满足最低限度的需要。

这张包袱皮是我最近的宠儿!

边长 125 厘米的正方形大号包袱皮。那些小一点的方方正正的包袱皮，边长为 88 厘米，也算"大家伙"了。

玄关

起居室与餐厅

料理台

餐具柜

冰箱

盥洗室

浴室

卫生间

衣柜

书房

卧室

收纳

收尾工作和垃圾处理

10

玄关

起居室与餐厅

料理台

餐具柜

冰箱

盥洗室

浴室

卫生间

衣柜

书房

卧室

收纳

收尾工作和垃圾处理

每天 5 分钟

书房的断舍离

书桌，我看重的是要便于"俯瞰"，并且陈设上要有韵味。

书房的功能

书房，是思想的宝库。
是满足求知欲和好奇心的空间。

玄关

起居室与餐厅

料理台

餐具柜

冰箱

盥洗室

浴室

卫生间

衣柜

书房

卧室

收纳

收尾工作和垃圾处理

（ 每 天 5 分 钟 断 舍 离 ）

先将书山削去一半

不知不觉已经堆积如山的文件、资料、书籍。由于这些纸制品是一种更深层次的自我映射，因此断舍离时也不能敷衍了事。

> 文件——努力工作的自己
> 资料——信息全面的自己
> 书籍——学识渊博的自己

它们是自己过往成就的证据，因此，做出"需要"还是"不需要"的判断，似乎也相当困难。那种心情完全就像在追问自己的社会存在价值是"需要"还是"不需要"。

尽管如此，我们仍不得不明白，不需要的东西就是不需要。

纸制品还是"保障"的象征。

明明已经过了使用期限，可一旦要扔掉时，就觉得自己蒙受损失。

与工作相关的资料也是如此。有些朋友，明明工作早已结束，可一想到"万一客户还有事情要确认呢"，就舍不得将过去的资料扔掉。

可是，工作已经结束了。

最重要的是，我们一定要认识到，已经没用的"纸堆山"，正在夺走我们的空间、时间和精力。

玄关

起居室与餐厅

料理台

餐具柜

冰箱

婴儿室

浴室

卫生间

衣柜

书房

卧室

收纳

收尾工作和垃圾处理

山下英子式

书籍分类流水线

谨以此法送给"不擅长整理凌乱琐碎的文件"的朋友。实不相瞒，我也曾是其中一员。下面我就来介绍一种思路清晰、省时省力的方法。要点是"分三类"和"俯瞰"。

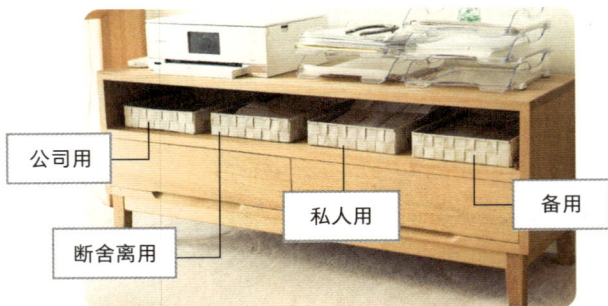

公司用

私人用

备用

断舍离用

准备 3 只平篮，最右侧的第四只篮子只是备用。不把篮子放进抽屉，而是摆在看得见的地方。

①把篮子放到便于俯瞰的宽敞桌面上

"篮式管理"的长处在于无遮盖、可移动。把篮子放在足够宽敞的桌面上，开始分类。

1

②快速判断"去留"

篮子只不过是纸制品的"暂住地"。一旦决定要"舍"，就立即"刺啦"一声撕掉，杜绝"总之先留下吧"的做法。

③将用得到的收据装进信封

将需要寄送给税务师的收据统一装进一只信封里，收据数量会变少很多。

④文件变少，神清气爽

不把文件放进抽屉和文件夹里，要给它们提供一条"流水线"。

玄关
起居室与餐厅
料理台
餐具柜
冰箱
洗衣室
浴室
卫生间
衣柜
书房
卧室
收纳
收尾工作和垃圾处理

5_{min.}

(每 天 5 分 钟 断 舍 离)

清理桌面上的物品

书桌本该是我们进行思考的地方，上面却摆着堆成小山的文件，还有文具、书籍、资料、数码产品等等。东西越多，留给我们的工作空间当然就越逼仄，我们就会被周围的事物分散注意力。

换句话说，断舍离掉有形之物的同时，无形之物也会随之被断舍离掉。

> 断舍离掉多余之物，便不会被多余的事务左右。
>
> 断舍离掉多余之物，便不会被多余的信息左右。
>
> 不被多余的信息左右，无用的思考自然也就被断舍离掉了。

这是一个显而易见的事实，想必大家也有这样的体会。

没错，随着断舍离的不断深入，混沌思维中的杂质也会被大量清除。

断舍离，就是重启已经停滞的思维。

"不在水平面上放置物品"——就让我们高呼着这句话，开始清理桌面吧！

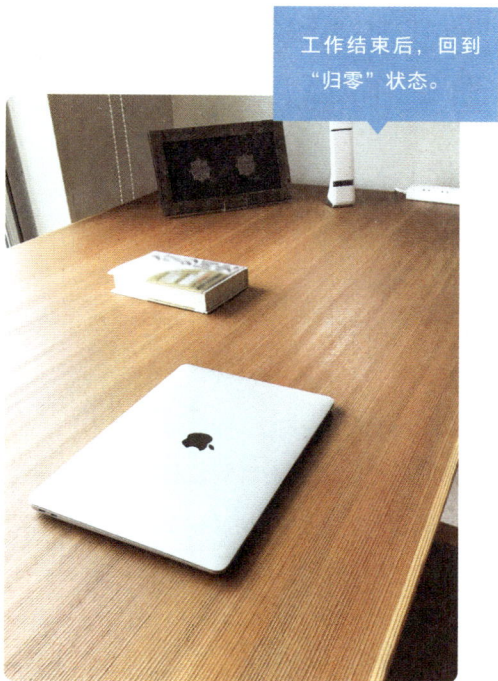

工作结束后，回到"归零"状态。

书桌是曾经的餐桌

这张桌子宽 90 厘米，长 180 厘米，搬家前被用作餐桌。坐在桌前，还可以欣赏窗外的景色。

玄关

起居室与餐厅

料理台

餐具柜

冰箱

盥洗室

浴室

卫生间

衣柜

书房

卧室

收纳

收尾工作及垃圾处理

5min.

(每 天 5 分 钟 断 舍 离)

选出 3 支插在
笔筒里的笔

虽说如今已经进入用笔记本电脑和平板电脑进行写作的时代，可手写带来的愉悦仍让人难以割舍，里面也包含着我们对钢笔的爱慕。

可以说，钢笔象征着我们"对顺滑的追求"。不，或许可以说，我们误以为追求顺滑就能让思路变得清晰通畅。好像只要笔尖能够顺滑地在纸面上驰骋，就可以妙笔生花一样。

虽说一支钢笔的价格并不算昂贵，可一旦要扔掉，总有挥之不去的罪恶感，让我们忍不住又把它留下来，搁置起来。

我经常能见到笔筒里的笔挤成一团动弹不得的光景。这样的话，恐怕也理不出清晰顺畅的思路吧。

把笔筒里要用的笔，控制在最少量。

我总共只有 3 支笔，1 支黑色签字笔、1 支黑色圆珠笔、

1支粉色荧光笔。另外，我将一只自己钟爱的马克杯用作了笔筒，让笔筒本身也成为书桌上的艺术品。想要寻求改变时，就换成其他的马克杯。

工作结束后，我会让书桌保持桌面只有笔筒和笔记本电脑的状态。

笔也要讲究投缘。选择一支让工作和学习变得有趣起来的笔。

玄关

起居室与餐厅

料理台

餐具柜

冰箱

盥洗室

浴室

卫生间

衣柜

书房

卧室

收纳

收尾工作和垃圾处理

不需要两支一样的笔

笔筒也要注重"颜值"。我不会在笔筒里插上许多支同一类型的笔。

5 min.

每 天 5 分 钟 断 舍 离

断舍离掉储备的文具

文具的品类多种多样，造型魅力十足，让人忍不住想通通纳入囊中。于是，收纳空间里，新买的文具、用到一半的文具、用完的文具交织混杂在一起的情景便屡见不鲜。

该如何管理储备的文具呢？

我把它们都放进了矮柜的一只抽屉里，集中管理。我并没有按照所谓的收纳术说的那样，放上隔板，贴上标签，分门别类地管理。

为了打开抽屉时可以一目了然，我将文具摆放在它们各自的领地里，"这里是夹子""这里是订书钉""这里是便笺"。

==每种文具的备用品，我都严格控制数量。基本上各有一两件就可以了。==

存货用完了不会困扰吗？不会，因为只要不用因为疫情而居家，随时都能去买。

不过也不要忘记定期清点，进行断舍离。抽屉是一个封闭的空间，一旦关起来，便什么都看不见了。如果不管不顾地把东西往里面塞，不知不觉就会超量。

空间是有限的。不该收进这里的东西就不要放进去。用抽屉的容量来控制物品的总量。

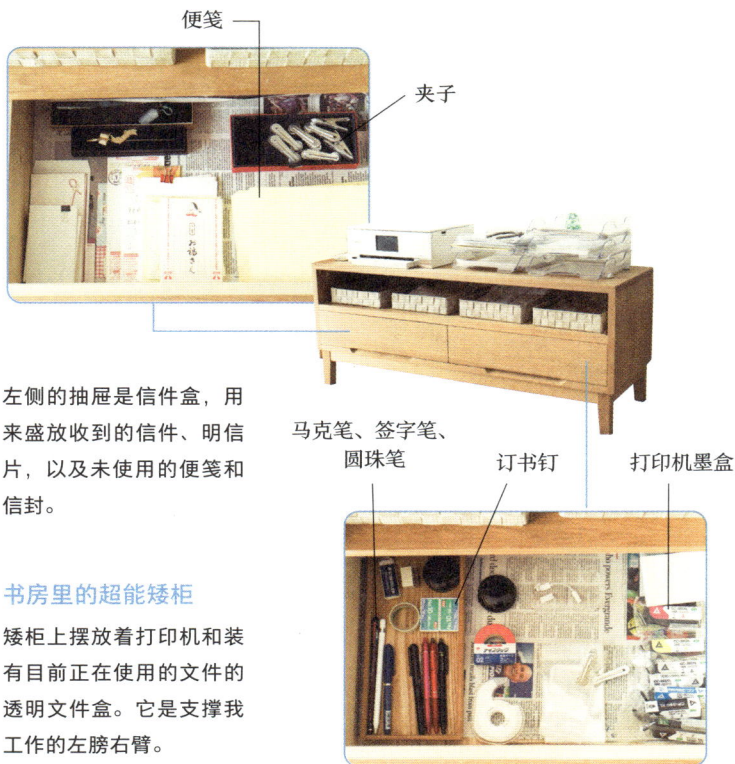

便笺

夹子

左侧的抽屉是信件盒，用来盛放收到的信件、明信片，以及未使用的便笺和信封。

马克笔、签字笔、圆珠笔

订书钉

打印机墨盒

书房里的超能矮柜

矮柜上摆放着打印机和装有目前正在使用的文件的透明文件盒。它是支撑我工作的左膀右臂。

右侧是文具的备用品。什么东西在哪里，哪些东西该补货了，一目了然。

玄关
起居室与餐厅
料理台
餐具柜
冰箱
盥洗室
浴室
卫生间
衣柜
书房
卧室
收纳
收尾工作和垃圾处理

5 min.

每 天 5 分 钟 断 舍 离

清空一层书架

书籍象征着"求知欲"。对我而言，书籍象征着"幸福"。

买书是幸福的，拥有书是幸福的，当然，读书也是幸福的。因此，"无法让自己感到幸福的书就扔掉吧"。

我买书的频率是一周 2 ~ 3 本。或是出于工作需要，或是出于单纯的求知欲。加上别人赠送的书籍，书变得越来越多。

山下英子式读书法，是把书读到"伤痕累累"，直至"油尽灯枯"。我读书时会用马克笔画线，会折起页角，因此无法从图书馆借阅图书。

不过，也有一些书，我才刚开始读，就合了起来。

书也分适合自己的和不适合自己的，读书也要看心情和时机，所以读不完也没关系，不必因此而产生负罪感。

手中正在读的书，若能遇见一行让你眼前一亮的文字，

==便已经很幸运了。==毕竟我们读书，也不是为了将所有的细枝末节都记住。

放手时，我会怀着"托付给想读它的人"的心情，要么直接送人，要么拜托旧书店进行回收。至于有缺损或者污渍的书籍，我会对它们说一句"谢谢"，然后用于资源回收。

若是被放在书架上，无精打采，落满灰尘，无人问津，恐怕书也不会感到幸福吧？

书籍是对自己的投资

的确，有些书会让自己觉得有趣，有些书则不然。可到底有没有趣，要读一读才知道。我不会做"虽说没什么意思，但先有一搭无一搭地读着吧"这样的事情。

让书籍和资料的
"存在感"消失

　　打开柜门，里面摆放的是从"暂住地"搬迁过来的需要保存的书籍和文件。不过，这里也需要定期进行整理。一定会发现让你觉得"它怎么会在这里？"的东西。

给事务性的空间添些温馨

书柜里摆放着的带有异国风情的艺术品，能让人瞬间放松下来。

正在进行的各个项目

合同和说明书等"看上去很重要的文件"。有时我会查阅一下。

玄关

起居室与餐厅

料理台

餐具柜

冰箱

盥洗室

浴室

卫生间

衣柜

书房

卧室

收纳

房屋工作和垃圾处理

关上后利落

打开后清爽

位于书房入口处的书架。我将重心放在了下层，上层空间用于装饰。

山下英子的"孩子们"

算上被译成外文的书，我的著作有 100 多本。不过，只持有空间内放得下的数量，才是断舍离的风格。

5_{min.}

取出钱包中的票据，
进行分类

钱包是"财运"的象征。从钱包可以看出一个人与金钱之间的关系。

钱包里的钱快乐不快乐？

出门在外，钱包是给自己带来开心事，还是招来烦心事？

"钱包是钱的家。"因此，钱也希望能拥有一个舒适的家，一个能让自己出门时神采奕奕的家。

我希望自己使用钱包的方式，可以让钱乐于回家。

实际上，钱包是理想的断舍离入门单品。钱包是一个很适合进行断舍离的空间，并且可以单纯基于"需要/不需要"的判断标准进行整理。

我曾帮一起共事的工作人员简单进行过钱包的断舍离，总共有 7 位。

可以明确的是，他们其中一位是"胖钱包"的主人，还有一位是"乱钱包"的主人。

"胖钱包"被塞得鼓鼓囊囊，里面甚至还装着半年前的票据。

"乱钱包"污迹斑斑，伤痕累累，里面甚至还混杂着外币和硬币。

他们两位都需要给钱找个新家，然后默默努力，对票据和卡片进行取舍和选择。

那么，你要不要也从现在开始，来一场"钱包的断舍离"？

把钱包变成
一个让钱想
回家的地方

我钟爱全开放式的长款钱包

钱包也选择能够"俯瞰"的。一天结束之后，
清点钱包里的物品。

检查钱包

钱包也工作了一天，把票
据和零钱拿出来，让它也
轻松轻松。

零钱盒

玄关
起居室与餐厅
料理台
餐具柜
冰箱
盥洗室
浴室
卫生间
衣柜
书房
卧室
收纳
清洁工作和垃圾处理

5min.

每 天 5 分 钟 断 舍 离

对积分卡进行取舍

会员卡、积分卡象征着"划算"。

追求划算，反过来也意味着"我的人生没什么划得来的事情"。也就是说，这是"得失层面"上的行为。实际上，若从得失中超脱出来，将意识上升到"感激层面"，钱财便能散尽还复来。这是什么意思呢？

我没有积分卡一类的东西。我想借此表达的意思是"对于返还积分这件事，我很感激，不过我拥有的物品已经足够了，积分的收益就请您留着吧"。

这并非因为我无欲无求，可以说，这恰恰是因为我贪心不足。或许可以这样认为：我看重的并不是小恩小惠，而是更大的收益。我看重的，是更为广阔的天地中的气运，以及人与人之间的机缘。若只被眼前微不足道的得失驱使，也就只能收获些微不足道的小钱。不过也有一项例外，我会使用航空公司的信用卡来积攒里程数。因为我喜欢旅行，喜欢坐飞机。

玄关

起居室与餐厅

料理台

餐具柜

冰箱

盥洗室

浴室

卫生间

衣柜

书房

卧室

收纳

收尾工作和垃圾处理

5min.

（ 每 天 5 分 钟 断 舍 离 ）

在日程本上 "留白"

手账象征着 "对未来的期待"。即使没到 "希望" 的程度，也总能给人带来某些事情即将开始的期待感。崭新的手账告诉我们，未来还是一张白纸。

每年我拿到新手账时，心情都雀跃不已，一心想着到底要在一片空白的计划表上写些什么好。

不过不能写梦想。关键是要把梦想作为预想，不，要作为计划写进手账。不要写 "总有一天要去"，而是写 "就在这一天去"。

如今是一个人和电脑上的日历 "四目相对" 的时代。日历会提醒我们有哪些待办事项。这样固然方便，但总觉得有些无趣。毕竟，翻开手账，享受 "留白"，开动脑筋，才是手账的魅力所在。

物与事也是如此，时间与空间也是如此。排得太满就会手忙脚乱，力不能及。请你务必空出一些能让自己逍遥自在的 "留白"。

书房中的另一个矮柜

虽然我平时基本不看电视，不过它还是静静地待在房间一角。

用胡桃木原木制作而成的矮柜，定制于石川县生活艺术工作室。

书房和卧室中的矮柜都带有柜腿。外形美观大方自不必说，方便清扫也是其魅力所在。扫地机器人 Roomba 可以在矮柜下方来去自如。柜身则由我亲自动手，擦净擦亮，精心照料。

移动 Wi-Fi 的使用说明书

手机充电器

转换插头

盛放数码产品的抽屉

笔记本电脑、充电器、转换插头、电线等物品都待在里面，宽敞舒适。

手机充电器

充电宝

不用时就把纸巾收起来

我会尽量保持"矮柜上空无一物"的状态。纸巾盒是冲绳红型染①。

① 流传于日本冲绳的传统印染工艺。

玄关

起居室与餐厅

料理台

餐具柜

冰箱

洗衣室

浴室

卫生间

衣柜

书房

卧室

收纳

收纳手册
相关资讯

11

每天5分钟

卧室的
断舍离

玄关

起居室与餐厅

料理台

餐具柜

冰箱

盥洗室

浴室

卫生间

衣柜

书房

卧室

收纳

收尾工作和垃圾处理

我希望入睡和醒来时，都与浪漫共存。——卧室应该是这样的空间。

卧室的功能

重要的是安全、安心。
卧室是放心入睡、放松身心的
空间。

玄关

起居室与餐厅

料理台

餐具柜

冰箱

盥洗室

浴室

卫生间

衣柜

书房

卧室

收纳

收尾工作
和信物处理

5 min.

(每 天 5 分 钟 断 舍 离)

扔掉一床用不着的被褥

这些年来，有客人在你家留宿过吗？

有些人，为了随时能够待客，在顶柜、壁橱、仓库里准备了充足的被褥，却一直没有用过。甚至还有这样的事：每逢家里有大事，都会准备被褥，多年以后，发现阁楼里的被褥居然有 40 床。真叫人啼笑皆非。

若来客不是常客，恐怕此次过后，也不会再在家里留宿。何况，婚丧嫁娶的形式也发生了变化。有客人来访时，晚上不留客人过夜，或是请客人住在酒店，也未尝不可。

无论是从物质层面还是从精神层面来说，扔掉被褥，都是件难度极高的事情。被褥的体积庞大，拿到外面要颇费一番工夫，还要在指定的日期才能扔掉①，而且没办法转送他人。

———————————

① 在日本，每种类别的垃圾都有指定的丢弃日期。

大型垃圾的丢弃方式，咨询社区的垃圾处理负责人就行了。

一位 70 多岁的女士，盖着自己十分珍爱、一直舍不得用的被子睡了一晚后，放下了心结，将这床被子扔掉了。好像是因为那床被子盖起来既厚重又不保暖，使她睡得实在不算安稳。

榻榻米床，舒适惬意

石川县生活艺术工作室出品的榻榻米床。透气性强，舒适惬意，打理起来也十分方便。

玄关

起居室与餐厅

料理台

餐具柜

冰箱

盥洗室

浴室

卫生间

衣柜

书房

卧室

收纳

收尾工作和垃圾处理

5 min.

清理床铺周围的琐碎小物

日本是地震大国。每次遇到震灾，我就会从全国各地的断舍离践行者们那里收到许多这样的消息：

"多亏了断舍离，减少了我的灾害损失。"

一位女士，将已经沦为粗大垃圾却仍旧占领着卧室的衣柜断舍离掉后，不久便遇到了地震。

如果那个衣柜还在卧室，后果会怎样？

如果那个衣柜在睡梦中倒下来，后果会怎样？

只是想象一下，就够可怕了。没用的物品搁置不管，多余的物品越积越多，不仅如此，为了保管它们，我们还会在不知不觉间添置收纳家具。

到头来，房间里还增加了物品掉落、家具倾倒的危险。

而且，我们会渐渐忘记，这些物品在身体上和精神上都压迫着我们。

从床铺周围的物品开始，直截了当地断舍离吧！

早晨睁开双眼，最先映入眼帘的，就是卧室。

你是想在沐浴着朝阳、整洁清爽的空间里醒来，还是想在如同储物间、垃圾场一般的空间里醒来？

开放与闭塞。解脱与压迫。哪种感觉更美妙，恐怕不言而喻了吧！

守护着睡眠的艺术品

不丹的胜乐金刚①像和海底轮②挂画，给卧室带来异国的浪漫与活力。

纸巾放在抽屉里

床头柜与床同高，尽量不在上面摆放七零八碎的东西。

---

① 佛教人物。藏传佛教密宗无上瑜伽修法中尊奉的五大本尊（胜乐金刚、喜金刚、时轮金刚、密集金刚、大威德金刚）之一。

② 瑜伽讲究三脉七轮。三脉指中脉、左脉以及右脉三条气脉，最为重要的一条是中脉，位于脊髓中间。中脉上共有七轮，指顶轮、眉心轮（额轮）、喉轮、心轮、脐轮（太阳轮）、生殖轮（腹轮）、海底轮（根轮）。人体的七个脉轮就是七个能量中心，主宰人体不同的组织系统。

玄关
起居室与餐厅
料理台
餐具柜
冰箱
厨房壁
浴室
卫生间
衣柜
书桌
卧室
收纳
壁厨与抽屉和垃圾处理

5min.

我在这里
也能畅行
无阻哦

每天5分钟断舍离

给床单、被罩更新换代

我到中国旅行，入住酒店后，见识了我从未见过的大床。

每当我蜷缩在床铺一角入睡时，总忍不住想，给这么大的床换床单应该挺费事的吧！

我家的床单、被罩大概每3天换洗一次。这项工作，是家务活里相当耗费体力的一项。

我现在用的被罩，是那种刚好能把被子竖着装进去的样式。没用习惯的时候，更换被罩时也要费点力气。不过，想要轻松更换床单、被罩，关键还是要将床铺四周空出来。

家务活，只要动手做，就一定会有回报。只要动手做，就一定能有进展。加把劲将床单、被罩更换一新，自己便可以躺在干净漂亮的床单上入眠，收获安稳与香甜。

我给床单、被罩更新换代的频率是半年一次，被褥则大概3年一换。这些物品会直接接触肌肤，因此要注意进行更新换代。

两种亚麻寝具，轮番上阵

床单、被罩、枕套，我都喜欢用宜得利家
居的产品。品质优良，价格合理。

叠起被褥，让它们深呼吸

榻榻米床的好处在于能把被褥叠起来。这样做
方便散热，可以时刻保持被褥的舒适度。

玄关

起居室与餐厅

料理台

餐具柜

冰箱

盥洗室

浴室

卫生间

衣柜

书房

卧室

收纳

收尾工作
和垃圾处理

12

玄关

起居室与餐厅

料理台

餐具柜

冰箱

盥洗室

浴室

卫生间

衣柜

书房

卧室

收纳

收尾工作和场地处理

每天 5 分钟

收纳中的
断舍离

BAMBOO
Fresh
REUSABLE
TOWELS
WASHABLE & ABSORBENT
A SOFT, STRONG AND ECO-FRIENDLY
REPLACEMENT FOR PAPER TOWELS!
25 SHEETS
PERFORATED RAYON
BAMBOO TOWELS

玄关

起居室与餐厅

料理台

餐具柜

冰箱

盥洗室

浴室

卫生间

衣柜

书房

卧室

收纳

收尾工作和垃圾处理

收纳的功能

收纳，是指物品在候场室准备就绪。

家里不需要任何仓库。

收纳备用品时，尽量拆掉购买时自带的包装。这样在取用时，便能省去一个步骤（一分力气）。

5_{min.}

(每 天 5 分 钟 断 舍 离)

清点食品柜的库存

"囤积"和"储备"有什么区别？

囤积，是基于假想出的无数种可能性进行的，比如"不够用了怎么办""到时候这个用完了怎么办"。

储备则是合理储存。也就是说，是建立在对使用频率的认识上的，是基于"这阵子就靠这些东西撑着吧""储藏室的空间只有这么大，就先确保有这些东西吧"的意图、意志去进行的。

> 认识时间的能力——知道一定时间内使用多少物品
>
> 认识空间的能力——知道有多少空间能够用于储备

你是否具备相对于时间和空间而言，物品要"适量"的认识呢？囤积物品的人在这方面的感觉相当迟钝。许多人，

虽然嘴上说的是储备，实际却变成了囤积。

在新冠疫情下的居家生活中，食品柜里的库存起到了相当大的作用。我从各地买回来的食物、别人送的食物齐聚一堂，好像在举办全国物产展览会一样。我时刻记得储备物品时要做到便于掌握"什么东西在哪里、有多少"，要美观漂亮，所以一律采用"循环滚动储备法"。储备的食物，平时也会食用，消耗了再补充，食物种类也会适当进行更替，时刻具备"流动"意识。

采用能让自己
"食指大动"的
陈列方式

热热闹闹地摆在大盘子里
比起整整齐齐地摆在盒子或抽屉里，这样摆放，能让每种食物都露"脸"。

玄关

起居室与餐厅

料理台

餐具柜

冰箱

盥洗室

浴室

卫生间

衣柜

书房

卧室

收纳

收尾工作和垃圾场处理

山下英子式

"全国物产展风格"食品柜，
让人心情大好

2020 年 4 月到 5 月这段居家生活的日子，是这些储备食物陪我一起撑过来的。整整 28 天，我没有去超市购物，过着彻头彻尾的封闭式生活。我的大脑总是全速运转，想着"哪种食物有多少，放在哪里合适"，渐渐开始乐在其中。

不让食品柜变成"满员列车"

每种食物和调味料都能"自立"，所以才美观漂亮。

把大盘子大模大样地摆在柜子里

即便有充足的空间，也不塞得满满当当。右侧还有除菌喷雾在默默注视着它。

饮用水储备充足

储备的饮用水占了两层柜子。不，别的地方还有。

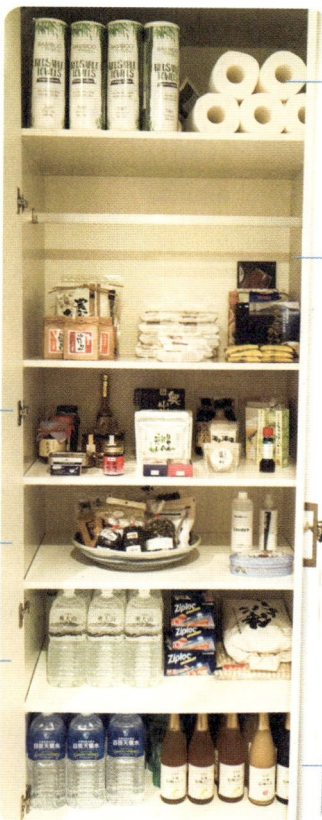

玄关

起居室与餐厅

料理台

餐具柜

冰箱

盥洗室

浴室

卫生间

衣柜

书房

卧室

收纳

收屋工作和垃圾处理

虽是储备品，但我平日里也会使用。采用具备"流动性"的循环滚动储备法。

储备物品时也要有童心

左边的"竹子"纸巾，我故意没有拆包装，收纳时，像竹子一样竖着摆放。

不使用隔板

同一类食物集中摆放在同一区域。每天都能在食用后掌握库存的数量。

还有美味的天然纯果汁

将信州的葡萄汁和苹果汁混合在一起饮用，也是一种享受。

新冠疫情下的居家生活期间，
"存货"大显身手

今天吃点什么
好呢？

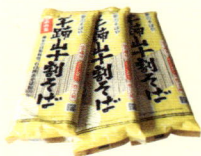

来自北海道的荞麦面

"羊蹄山百分百荞麦面"，是在交完"故乡税"①后收到的回礼。

"舞伎火辣辣"③辣油。

鲇家②的"寿喜锅风味牛肉牛蒡卷"。

鲇家的"红鲑红叶卷"。

下饭伴侣

辣油、牛肉、红鲑鱼……搭配米饭，味道一绝。

---

① 故乡税，即家乡税收捐赠计划，一种没有强制要求、类似捐款的"寄附金税制"。故乡税的缴纳对象，不局限在纳税人的故乡，可根据自己的意愿自由选择纳税地。与此同时，接受捐献的地方政府一般都会为故乡税纳税人准备具有当地特色的礼品作为捐赠的回礼。而对捐赠者来说，他们在收到地方特产的同时，还能获得税款减免。

② 鲇家株式会社，1967 年创办于日本滋贺县的食品制作销售企业。

③ 产品原名为"舞妓はんひぃーひぃー"辣油。日本京都丸屋（"丸や"）株式会社旗下产品。

为大家介绍山下英子喜爱储备的食品。北至北海道，南至冲绳——不知不觉间，全国各地各种各样的名产、特产居然都被我纳入囊中。幸运的是，如今这个时代，这些广受当地人认可的美食，在网上就能买到。

小巧可爱的迷你袋装米

北海道生产的"梦美"[①]米和"七星"[②]米。这是净含量 500 克的迷你装。

速食牛肉咖喱饭

用鹿儿岛县的黑毛和牛制作而成的速食咖喱饭，让你欲罢不能。

应急食品——可口的糙米饭

低温熟成的糙米饭"佳之舞"[③]，无须微波炉加热也同样美味。

利尻岛的浓汤宝

来自以海带闻名的北海道利尻岛的"利鲜"[④]牌浓汤宝。图为加入了小沙丁鱼干的"二号浓汤宝"。

---

① 北海道大米品种。原名为"ゆめぴりか"，"ゆめ"意为"梦"，"ぴりか"是阿伊努语，意为"美丽"。

② 北海道大米品种。名字来源于北斗七星。

③ 由创立于兵库县的味奇巧（音译，原名为"味きっこう"）株式会社生产。

④ 音译，原名为"りせん"。

5min.

打开一只"内容不详"的纸箱

有些人家里，打开壁橱，还能发现多年前搬家时带过来的纸箱正安安稳稳地端坐在里面。有些人家里，则是在地板上堆着好几个纸箱。

当我发出"里面是什么东西？"的疑问时，主人也摸不着头脑地说："哎，什么来着？"

里面装的是至今没取出过却对生活毫无影响、恐怕今后也用不到的东西。

"连箱子一起扔掉！看都不看直接扔掉！这里面是不会装着私房钱的！"我虽然很想这样说，不过，还是请你先打开一只这样的纸箱看看吧！

我一直把能得到搬家公司"您东西真少！"的称赞当作目标，实际上我也确实受到了这样的夸奖。

==物品少了，打包轻松，移动迅速。==搬家当天就能完成拆包，不会发生纸箱一直被放置一旁不拆封的情况。

大家知道一部名为《365 天简单生活》的芬兰电影吗？

这部电影讲述的是主人公将公寓中的所有物品都暂存在出租仓库，之后再将真正需要、重要的物品一件一件拿回来的故事。他以这种方式，感受自己和物品之间的关系变得越来越清晰的过程。然后，重启人生。

这是一部很多地方和断舍离有异曲同工之处、极具启发意义的非虚构电影。

玄关

起居室与餐厅

料理台

餐具柜

冰箱

盥洗室

浴室

卫生间

衣柜

书房

卧室

收纳

收尾工作和垃圾处理

5min.

（每天5分钟断舍离）

拆掉厕纸的包装袋

厕纸、湿纸巾、厨房用纸、保鲜袋……

我们总觉得日常生活用品"一定用得到"。正因如此，才难以割舍。然而对于这些物品一定时间内的使用量及使用频率，我们却毫无概念。再加上这类物品不会腐烂，许多家庭都会过量存储。

这就意味着，我们缺乏"认识空间的能力"和"认识时间的能力"。新冠疫情期间，囤积纸巾和口罩的行为更是屡见不鲜。人一旦感到不安，时间也好，空间也罢，都要靠边站。

对于储备的日用品，要追求"取用时心情舒畅"。

厕纸一类的物品，先将购买时自带的包装袋拆掉。不要吝惜一开始把厕纸从袋子、盒子里拿出来时要"费点工夫"。因为这样一来，取用的时候就可以省时省力省工序了。

不知为何，同样是"费点工夫"，一开始费工夫和之后

玄关

起居室与餐厅

料理台

餐具柜

冰箱

盥洗室

浴室

卫生间

衣柜

书房

卧室

收纳

收尾工作
和垃圾处理

==费工夫，感受却截然不同。==事情越到后面越费工夫，人们越会感到不胜其烦。

从洗衣店取回衣物时套在外面的塑料保护袋、食材和调味料的包装袋、家电的包装盒，也要拆掉。

一定要有"先费事为强"的意识。

> 储备的关键在于认识时间的能力和认识空间的能力。

重点是要知道何为适量

因为不安，不知不觉买了太多东西，然后才发现"没地方放了"。为了避免出现这种情况，我们要知道什么是"适量"。

不吝惜一开始时"费点工夫"

购买时自带的包装袋和包装盒，直接处理掉。

断舍离专栏

断舍离掉没用的玩具

孩子的大玩具、小玩具、毛绒玩具等等，对于这类物品，如果收纳空间有限，我们就有必要告诉自己"不能再多了"，进行总量限制。若把收纳空间当作舞台，那么对活跃在舞台上的角色，就要经常进行选拔。

总有一些家长找我咨询，说他们"不知道断舍离掉孩子的东西时，该以什么为标准"。可是，既然是孩子的东西，那这件事情就应该让孩子做主。重要的是，让孩子自己动手，进行筛选。

有位女士是一名单身妈妈，因为担心"孩子或许会感到寂寞"，便给孩子买了很多毛绒玩具。可是孩子只会和自己喜欢的毛绒玩具一起亲密地玩耍，并不需要那么多毛绒玩具。这种行为，是出于母亲的一厢情愿和自责内疚。

如果你是"为孩子着想"，那么就别给他们东西，给他们空间吧，给孩子一个舒适惬意、干净清爽的空间。

给孩子买太多东西，反而会损害他们的"选择能力"。重要的是要在孩子能选出来的范围内给予。大人不也一样吗？比起从三件物品之中选择一件，从一百件物品当中选择一件更容易犹豫不决吧。

留住孩子的作品和笑脸一同定格的"瞬间"

面对孩子尽心尽力完成的图画、手工作品，做父母的肯定想要先称赞一番，而不是化身评论家。让作品和孩子的笑脸"合影留念"，父母和孩子都满意。

5min.

将收到的礼物陈设在橱柜中，时不时地看看它们

有些人，因为是"别人送的礼物"，便把这些物品珍藏在橱柜深处。也有些人，因为是"别人送的礼物"，所以舍不得扔掉，苦恼不已。

收下礼物，就是收下心意。从满怀感激地收下礼物的那一刻起，物品的所有者就成了自己。今后要如何与物品相处，自己说了算。

珍惜物品，既不是指要将物品收好，也不是指不将物品扔掉。

珍惜物品，指的是物尽其用，小心爱护。

人们往往认为，"扔掉物品"＝"不珍惜物品"，其实并非如此。不放手却束之高阁，不过是在收存、放置、忘却罢了。

舍弃＝善后。

换句话说，好好给物品善后，送它成佛，才是对它长长

久久的疼爱。

有时，我到一些地方拜访时会收到礼物。就在前几天，一位还是小学生的小朋友，对我说了句"给你"，将手里小小的毛绒玩具送给了我。因为实在太可爱了，我便将它陈列在了储物柜的中间一层。

放在柜子里的话，即使觉得这件物品和室内的装饰风格不太相称，也可以毫无顾忌地陈列出来。

每次打开柜门，都能和它们相见，心情也会变得愉快起来。这样的相处方式也不错。

一见到它们，我就会莫名地露出笑容

唤起回忆

柜子里可爱的"家伙"们，让我想起了那些我有缘见过的人。

玄关　起居室与餐厅　料理台　餐具柜　冰箱　盥洗室　浴室　卫生间　衣柜　书房　卧室　**收纳**　收屋工作和垃圾处理

储物柜让心情更美丽

　　就像倒数第二层的那些备用纸袋一样，断舍离式收纳，"自立"是基本原则。有了"自立"，收纳空间才能成为可以"自由""自在"出入的地方。

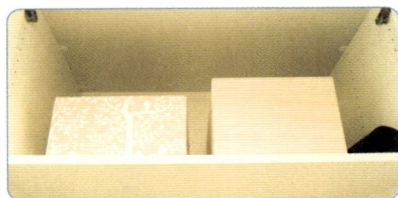

最上层的箱子里是什么？

我有忍不住将漂亮的空箱子留存起来的习惯，便把它们高高地放在了这里。

6 包纸巾

包装袋当然已经拆掉了。旁边摆着圣诞装饰物，丝毫不显得刻意。

将电池集中到一起

各个房间的遥控器都归拢在这里

绘有圣诞元素花纹的茶杯

不会再发生问"灯泡哪儿去了？"的情况

毛绒玩具们好不热闹

五彩缤纷的空盒子是小物件的容身处。人偶和毛绒玩具环绕周围。

简单漂亮的纸袋

这里存放着两种纸袋，它们被用作厨房和卫生间的垃圾桶，发挥着自己的作用。

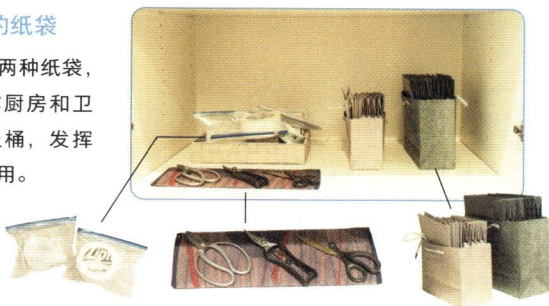

容易留下胶痕的胶带，放进透明塑料袋中保管。

剪刀平铺摆放。

个性十足的马克杯

可以当作工艺品的马克杯，有时也会作为笔筒出场。

玄关

起居室与餐厅

料理台

餐具柜

冰箱

盥洗室

浴室

卫生间

衣柜

书房

卧室

收纳

收尾工作和垃圾处理

5_{min.}

每 天 5 分 钟 断 舍 离

断舍离掉"总之先留着吧"的使用说明书

购买家电和数码产品时附带的使用说明书，是"总之先留着吧"的代表性物品。

使用说明书属于"超级以他人为中心"的物品，它剥夺了人的思考。

在帮助别人断舍离时，我遇到过连家电本身都不知去向了，说明书却还在的情况。机器已经完成了使命，只留下了说明书。

简言之，事实就是，对使用说明书，我们既用不到，也用不好。

然而我们依然像履行义务似的留着它们，完全陷入了"以使用说明书为中心"的思维，觉得"这是一定要留着的东西"。

当家电罢工的时候，对照着使用说明书把它修好，你真的这样做过吗？

你是否认为，对使用说明书也分"用得好"和"用不好"，用不好都是自己的能力问题？

并不是这样的。

关键在于，自己"要不要去用好"使用说明书。与能力无关，只需要行动。

"整理不好""放不了手"一类的说辞也一样，不过是不去整理、不去放手而已。

从"以使用说明书为中心"转向"以自我为中心"吧。

拿回主导权。

玄关

起居室与餐厅

料理台

餐具柜

冰箱

盥洗室

浴室

卫生间

衣柜

书房

卧室

收纳

收尾工作和垃圾处理

13

每天 5 分钟

收尾工作
和垃圾处理
中的
断舍离

玄关

起居室与餐厅

料理台

餐具柜

冰箱

盥洗室

浴室

卫生间

衣柜

书房

卧室

收纳

收尾工作
和垃圾处理

我们来上一堂如何才能"扔得漂亮"的课吧！
断舍离将会变得越来越顺畅。

垃圾桶的功能

"出"得干净，"出"得舒心。
垃圾桶，是让扔垃圾的过程变得愉快起来的工具。

5`min.`

（ 每 天 5 分 钟 断 舍 离 ）

下定决心"只留10只纸袋"后，断舍离

　　纸袋象征着"憧憬"。我们似乎总能被纸袋、包装纸、空盒子和精心设计的易拉罐吸引，即所谓的"容器信仰"。

　　这些东西做得真是魅力十足。它们设计精美，有的可爱，有的梦幻，有的雅致，再加上质地优良，简直就是身边的艺术品。

　　可以说，舍不得把它们扔掉也是没有办法的事情。但话虽如此，它们来到我们身边，并非出于我们自身的意图、意志。如果我们不自觉自愿地把它们"断"掉，它们便会肆无忌惮地在家里越堆越高。

　　数数你家有多少纸袋吧。

　　抽屉已经被纸袋塞得满满当当，却依旧念叨着"还能装，还能装"，一个劲地往里面塞。你有没有这样做？如果不告

诉自己"只要这些就够了",控制总量,纸袋的数量就会无休无止地增加下去。

下定决心,告诉自己"只要10只就够了""只要这只袋子能装下的量就够了",断舍离吧!

我会在网上购买纸袋,有大号和小号两种,然后将它们用作我家的垃圾桶,美观、卫生、可移动的垃圾桶。

我只储存了少量在店里购物时附带的纸袋,用它们来装送给别人的礼物,尽快放手。

购买10只装的纸袋套装

纸袋颜色接近纯色,有两种颜色,样式简单。我会在网上购买10只装的套装。

稍大些的纸袋主要用于厨房。哦对了,卧室的角落也放着一只。

适合放在卫生间的洗脸池旁。如果溅到水滴,就连同垃圾一起扔掉。

5min.

(每 天 5 分 钟 断 舍 离)

对垃圾袋进行 "总量限制"

自从商店的购物袋开始收费后，"不要购物袋派"的人就越来越多，与以前相比，家中购物袋无限堆积的人或许也在渐渐变少。

然而，面对购物袋，我们依旧容易产生"不知道什么时候用得到，先留着吧"的想法。

我的建议是，把"丑兮兮"的购物袋断舍离掉吧！

比如说，你有没有将装在购物袋里的食材直接塞进冰箱？这样做不仅会让冰箱内部看着杂乱，自己也分辨不出袋子里究竟放着什么。

东西买回来后，将所有的袋子都一一解开，把食材从袋子里拿出来，等使用时，就能"一步到位"了。也可以将食材移换到透明的袋子里。

玄关

起居室与餐厅

料理台

餐具柜

冰箱

盥洗室

浴室

卫生间

衣柜

书房

卧室

收纳

收尾工作和垃圾处理

不吝惜"一开始时费点工夫",之后就可以节约时间,减轻压力。

另外,存放购物袋的地方往往也"有碍观瞻"。<mark>以"这里最多存放这些"为原则,控制好总量,断舍离吧!</mark>

把购物袋用作垃圾袋,的确非常方便。

虽说在购物袋收费之前,我便是"不要购物袋派"中的一员,不过万一使用了购物袋,我会在当天就让它成为我家的垃圾袋。购物袋在我家停留的时间,是相当短暂的。

切菜时放在案板边的塑料袋

垫上英文报纸除湿

出场机会很多的剪刀,放在最上层的抽屉里。

在抽屉里待命时不占地方

我在商店购物时不要塑料袋,但是会在网上购入。将其放在料理台附近等方便取用的地方保管。

玄关

起居室与餐厅

料理台

餐具柜

冰箱

盥洗室

浴室

卫生间

衣柜

书房

卧室

收纳

和垃圾处理 收尾工作

5_{min.}

(每 天 5 分 钟 断 舍 离)

断舍离掉空箱子、铁盒子

遇上漂亮的空箱子，我们便会条件反射般地想要留下来。我也一样，舍不得将装点心的铁盒子、装纪念品的木箱子扔掉，而是把它们放进抽屉。

断舍离提倡将自己喜欢的物品放在手边。然而，有些东西若是未经思考地被放在手边搁置不管，则需要干脆利落地断舍离掉。

空盒子往往被认为"最适合用来收纳、归置物品"。它们形状各异，方便在收纳时"见缝插针"地塞进缝隙，并且还能一个摞一个，无止境地摞放下去。

有的人家里，把盛放厨具的箱子堆在高高的橱柜顶上，占满了柜顶至天花板的空间。当然，那些箱子多少年都不曾被打开过，还潜藏着随时都有可能掉落的危险。

还有的人家里，在玄关的鞋柜下方塞满了空鞋盒，不知要做何用处。若连看得见的空间都是这幅景象，那么橱柜和抽屉里不知要有多少"身份不明"的箱子了。

先从"每天5分钟"做起。把手伸进收纳空间里，将空盒子挖掘出来，一门心思地断舍离吧。

空盒子，
这样使用是
"可取"的。

色彩鲜艳夺目的空盒子
这只盒子的大小，刚好适合盛放容易"走失"的干电池。

巧用韵味十足的木盒子
将改锥和装润滑油的油壶等工具归拢在这里。

5 min.

(每 天 5 分 钟 断 舍 离)

精简垃圾桶的数量

在可燃垃圾回收日里，挨个把房间转一遍，把垃圾桶集合起来，再把垃圾装进大号垃圾袋里。之后，给每个垃圾桶换好新的小垃圾袋，再一个房间一个房间地把它们放回原处。

——没错，垃圾桶越多，管理起来越费事。

想要省时省力，何不断舍离，让垃圾桶变得少一点呢？

我家只在厨房、盥洗室、卫生间各放置了一只垃圾桶。

我会将大号和小号纸袋当作垃圾桶使用。虽说垃圾桶本身很容易变脏，却很少有人会认真地给它们做清洁。"用后即扔"的纸袋，可以时刻保持干净卫生。

除了能够"自立"以外，占地小也是纸袋的魅力所在。放在房间里时，可以悄悄藏在家具身后。

（ 每 天 5 分 钟 断 舍 离 ）

垃圾袋在八分满时就扔掉

垃圾要扔得利落漂亮，最关键的就是"别等垃圾袋满了再扔"。

在垃圾袋七八分满时就封口准备扔掉。这样的话，系紧袋口时不费事，搬运时也轻松。

幸运的是，我家公寓的垃圾站，24 小时都允许扔垃圾。在那里，我偶然见到过这样的垃圾袋——塞得实在太满，袋口已经系不上了，居然是用胶带把袋口缠上的。这一幕让我不禁有些难过。

不仅是垃圾袋，对于空间，我们也在使用这种"满灌思维"。只要还有空余空间，就总想要放点什么进去，把它装满。

但断舍离不一样。断舍离尽心钻研的，是如何才能留出空间，如何才能留出充足的空间。使用垃圾袋时，别小里小气的啦。

山下英子独创 >

\ 厨余垃圾 /
如何才能"丢得舒心"

①把纸袋放在料理台上，并在案板旁准备一只塑料袋。

④将步骤③中的塑料袋"咻"地扔进纸袋。这样便不会产生异味。

⑦45升容量的垃圾袋正好能将纸袋装进去，装好之后系口。

②将切菜时产生的厨余垃圾装进塑料袋。

⑤纸类和不带水分的垃圾，则直接"咻咻咻"地扔进纸袋。

⑧你是不是觉得，这样会浪费纸袋和垃圾袋？秘诀就是，用垃圾袋时，别那么小气。

③食材处理完成后，系好塑料袋的袋口。即使袋子还没装满，也要系上。

⑥当纸袋里的垃圾积攒到一定程度时，就轮到容量为45升的垃圾袋登场了。

我要赶紧去扔垃圾啦！

⑨以上便是轻轻松松就能完成循环的"利落漂亮扔垃圾法"啦！

ITINITIGOFUNKARANO DANSHARI MONOGAHERUTO ZIKANGAFUERU by Hideko Yamashita
Copyright © 2020 by Hideko Yamashita
All rights reserved.
Original Japanese edition published by Daiwa shobo Co.,Ltd.
Simplified Chinese edition is published by arrangement with Hideko Yamashita through Hana Alliance
Consulting Co. Ltd.,

著作权合同登记号：图字 18-2023-144

图书在版编目（CIP）数据

每天 5 分钟断舍离 /（日）山下英子著；张璐译 . --
长沙：湖南文艺出版社，2023.8
ISBN 978-7-5726-1268-8

Ⅰ . ①每… Ⅱ . ①山… ②张… Ⅲ . ①人生哲学—通俗读物 Ⅳ . ① B821-49

中国国家版本馆 CIP 数据核字（2023）第 121208 号

上架建议：心理励志

MEITIAN 5 FENZHONG DUANSHELI
每天 5 分钟断舍离

著　　者：［日］山下英子
译　　者：张　璐
出 版 人：陈新文
责任编辑：匡杨乐
监　　制：邢越超
策划编辑：李齐章
特约编辑：张春萌
版权支持：辛　艳　金　哲
营销支持：文刀刀　周　茜
封面设计：利　锐
版式设计：梁秋晨
出　　版：湖南文艺出版社
　　　　　（长沙市雨花区东二环一段 508 号　邮编：410014）
网　　址：www.hnwy.net
印　　刷：北京中科印刷有限公司
经　　销：新华书店
开　　本：775 mm × 1120 mm　1/32
字　　数：166 千字
印　　张：8.75
版　　次：2023 年 8 月第 1 版
印　　次：2023 年 8 月第 1 次印刷
书　　号：ISBN 978-7-5726-1268-8
定　　价：56.00 元

若有质量问题，请致电质量监督电话：010-59096394
团购电话：010-59320018